国家重点研发计划"全球变化及应对"重点专项(2016YFA0601704)资助

陕西省人工影响天气作业指挥技术手册

李金辉　编著

气象出版社
China Meteorological Press

内容简介

本书共分 9 章。第 1 章介绍了陕西的地理、地貌和气候特征;第 2 章概述了人工影响天气科学基础知识;第 3 章总结了冰雹天气的预报方法;第 4 章讲述了冰雹云卫星云图、雷达回波识别方法及其声、光等特征;第 5 章重点介绍了冰雹云提前识别及预警技术;第 6 章论述了降雨时卫星云图、雷达回波特征及利用雷达回波估算降雨量的方法,描述了强降雨雷达回波特征;第 7 章讲解了人工防雹增雨作业指挥技术;第 8 章介绍了防雹增雨作业效果评估方法;第 9 章介绍了人工影响天气探测新设备。

本书可作为人工影响天气科研、管理、作业以及指挥人员的培训教材,也可作为相关工程技术人员的参考资料和大专院校相关专业的教材。

图书在版编目(CIP)数据

陕西省人工影响天气作业指挥技术手册/李金辉编

著 . —北京:气象出版社,2019.9

ISBN 978-7-5029-7058-1

Ⅰ.①陕… Ⅱ.①李… Ⅲ.①人工影响天气—技术手册 Ⅳ.①P48-62

中国版本图书馆 CIP 数据核字(2019)第 220259 号

Shaanxi Sheng Rengong Yingxiang Tianqi Zuoye Zhihui Jishu Shouce

陕西省人工影响天气作业指挥技术手册

李金辉 编著

出版发行:气象出版社

地　　址	北京市海淀区中关村南大街 46 号	**邮政编码**	100081

电　　话:010-68407112(总编室)　010-68408042(发行部)

网　　址	http://www.qxcbs.com	**E-mail**	qxcbs@cma.gov.cn
责任编辑	郭健华　周黎明	**终　　审**	吴晓鹏
责任校对	王丽梅	**责任技编**	赵相宁

封面设计:楠竹文化

印　　刷:北京中石油彩色印刷有限责任公司

开　　本	787 mm×1092 mm　1/16	**印　　张**	12.5
字　　数	290 千字	**彩　　插**	2
版　　次	2019 年 9 月第 1 版	**印　　次**	2019 年 9 月第 1 次印刷
定　　价	80.00 元		

本书如存在文字不清、漏印以及缺页、倒页、脱页等,请与本社发行部联系调换。

序　言

陕西地处内陆，属温带大陆性气候，是典型的干旱、半干旱地区，水资源时、空分布不均，一方面导致季节性、区域性缺水问题，另一方面强对流天气系统引发的冰雹灾害多发。干旱和冰雹不仅对粮食增产、农民增收造成严重威胁，同时也极大地影响陕西省生态文明建设的推进。因此，科学组织开展人工防雹增雨作业，不断提高气象灾害防御能力，最大限度地降低灾害损失，是陕西省人工影响天气工作的首要任务。

人工影响天气是多学科交汇融合的复杂技术系统工程，具有较强的专业性、科学性特点。近年来，陕西省人工影响天气工作始终坚持科技引领、创新驱动，紧紧围绕提高作业能力和服务效益，大力推进人工影响天气业务现代化建设，加快人工影响天气基础研究和应用技术研发，取得了一批带动作用明显、推广应用价值大的科研创新成果，建立和丰富了具有陕西特色的人工影响天气作业、指挥、管理业务体系，极大地提高了科学作业、精细作业和安全作业能力。由李金辉正研级高工编著的《陕西省人工影响天气作业指挥技术手册》，是陕西省近年来人工影响天气科技成果业务应用实践的总结。本书借鉴和吸收了当前中外人工影响天气作业技术最新理论，收集了编者近年来的科技创新研究成果，总结了近年来业务应用实际经验，结合陕西人工影响天气作业典型案例，形成了较为完整的人工影响天气作业基础理论和业务应用实用技术体系，具有较强的理论性、实践性和适用性，不仅为人工影响天气作业指挥人员提供了学习材料和实践依据，而且对于开展科学化作业有着基础性、引领性作用，是一本值得从事人工防雹增雨工作的科研、管理、作业、指挥人员学习参考的具有较高价值的科技书籍。

我相信，该书的出版不仅能对陕西省提高人工影响天气科研、业务水平提供帮助，而且也能对中国其他地区人工影响天气科技创新、业务创新和服务创新提供有益借鉴。

中国气象科学研究院副院长
中国气象局人工影响天气中心主任　李集明
2018 年 12 月

前 言

近年来,陕西省人工影响天气工作快速发展,人工影响天气作业规模和服务领域不断拓展,服务体系逐步完善,作业能力和服务效益显著提升,人工影响天气在防灾减灾救灾、经济社会发展、生态文明建设以及重大社会活动保障等方面发挥了重要作用,受到了各级政府、社会各界的广泛关注和普遍赞誉。随着陕西省工农业生产的迅猛发展和城市化进程的加快,水资源紧缺的矛盾更加突出,干旱和冰雹灾害的威胁日趋加重。人工影响天气作为抗旱、防雹最经济最有效的技术手段,在缓解水资源紧缺和抗御冰雹灾害中的地位更加重要,对经济社会发展的方方面面都有很大影响。

人工影响天气作业技术是人工影响天气科学技术的重要组成部分,是提高科学作业能力和服务效益的基础保障。本书以提高人工影响天气作业指挥人员的业务素质和实践运用能力为目标,注重理论与实践相结合,从介绍人工影响天气基本原理入手,借鉴和运用了当前中外人工影响天气最新科研成果,结合陕西省实践,分析总结了开展人工影响天气所需的天气条件和卫星云图、雷达回波等特征,介绍了人工防雹增雨方案设计和作业组织实施、效果评估等内容。书中既有理论阐述,更兼顾可操作性和实用性,最大可能地为人工影响天气作业指挥人员提供理论依据和实践指导。尤其是书中运用了典型案例进行说明,可为全省,乃至全国人工影响天气作业、指挥和短时临近预报提供技术参考。

本书共分 9 章。第 1 章介绍了陕西的地理、地貌和气候特征;第 2 章概述了人工影响天气科学基础;第 3 章总结了冰雹天气的预报方法;第 4 章讲述冰雹云卫星云图、雷达回波识别方法及其声、光等特征;第 5 章重点介绍了冰雹云提前识别及预警技术;第 6 章论述了降雨时卫星云图、雷达回波特征以及利用雷达回波估算降雨量的方法,描述了强降雨雷达回波特征;第 7 章讲解了人工防雹增雨作业指挥技术;第 8 章介绍了防雹增雨作业效果评估方法;第 9 章介绍了人工影响天气探测新设备。

在本书编写过程中,得到了段英、武玉忠、李集明等专家的精心指导和关心帮助,陕西省人工影响天气办公室刘映宁、岳治国、梁谷、宋嘉尧、罗俊颉等同志给予了大力支持,在此一并致以诚挚谢意。

由于本人水平所限和本书具有一定探索性,疏漏和不妥之处在所难免,恳请广大读者和专家批评指正。

李金辉

2018 年 12 月

目　　录

第 1 章

陕西地理地貌及气候特征

1.1 地理地貌

1.1.1 地理环境

陕西省地处中国西北地区东部的黄河中游,位于东经 $105°29'\sim111°15'$,北纬 $31°42'\sim39°35'$,属内陆省份。与山西省东隔黄河相望,东南与河南、湖北省接壤,南邻四川省与重庆市,西接甘肃省,西北隅毗邻宁夏回族自治区,北界内蒙古自治区。地域南北长、东西窄,南北长约 870 km,东西宽 200~500 km,土地总面积 20.58 万 km²,占全国土地面积的 2.1%。另外,陕西省泾阳县永乐镇是我国大地原点。

陕西的北侧为东西走向的阴山山脉,南部为东西走向的秦岭山脉和大巴山脉,东侧为东北西南走向的吕梁山脉和太行山脉,西侧为近似南北走向的贺兰山山脉和六盘山山脉,形成陕西周边独有的山脉走向。陕西境内山脉以横贯东西的秦岭山系为主,南有巴山,北有白于山、黄龙山、崂山和北山,西有龙山、六盘山和陕甘交界处的子午岭。

秦岭是陕西省内最大的山脉,西起甘肃,东至河南淮阳,古称"南山",是划分我国南方与北方的重要自然界线。横贯全省东西的秦岭山脉,北坡陡峻,南坡平缓,多深沟峡谷,海拔 1500~3000 m,约占全省土地面积的 36%。秦岭山脉在陕西省境内东西长 400~500 km,南北宽 120~180 km,横贯于渭河和汉江之间,为黄河流域和长江流域分水岭,中国南方和北方重要地理分界线,秦岭有许多全国著名的山峰,如华山、太白山、终南山、骊山等。主峰太白山海拔 3767 m。

陕西境内山原起伏,地形复杂,南北高,中间低,有山地、平原、高原、盆地和峡谷等多种地形。同时,地势由西向东倾斜的特点也很明显。北以"北山"(凤翔、铜川、韩城一线以灰岩为主的石质山地的统称)为界,南以秦岭为界,陕西可分为三大自然区域:北部是陕北黄土高原,中部是关中平原,号称"八百里秦川",南部是秦巴山地。在全省面积中,高原约占 45%,山地约占 36%,平原约占 19%。

1.1.2 地表水文

陕西省境内的河流以秦岭为分水岭,分属黄河、长江两大水系。秦岭以北为黄河流域水系,流域面积占全省流域总面积的 64.8%,而水资源占全省水资源总量的 29.0%。秦岭以南为长江流域水系,占全省流域总面积的 35.2%,水资源占全省水资源总量的 71.0%。内流水系分布于毛乌素沙漠区。陕西境内湖泊很少,仅在陕北风沙草滩区有"海子"300 多个,水面近 90 km²,其中最大的是神木县的红碱淖(湖泊),面积 67 km²,水深 8~10 m,堪称沙漠胜景。陕西省地形如图 1.1 所示。

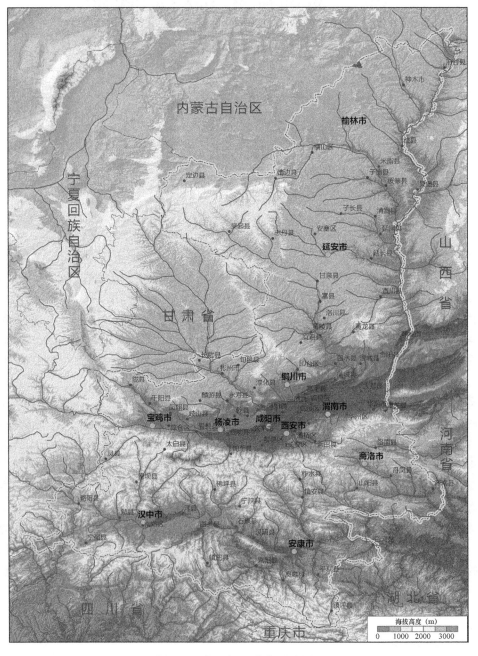

图 1.1　陕西省地形图(见彩图)

杜继稳(2007)研究表明:全省多年平均降雨量 676.4 mm,多年平均地表径流量 425.8 亿 m³,由外省区流经本省的过境水量约 119 亿 m³,实测出境水 517 亿 m³,全省水资源总量为 445 亿 m³,全省最大年水资源量可达 847 亿 m³,最小年只有 168 亿 m³,丰枯比在 3.0 以上。全省人均水资源量为 1280 m³,人均、亩均水资源占有量分别占全国平均水平的 54% 和 42%。居全国各省(市、区)第 19 位,是全国水资源最紧缺的省份之一。水资源时、空分布严重不均,地域分布上,秦岭以南的长江流域,面积占全省的 36.7%,水资源量占省的 71%,秦岭以北的黄河流域,面积占全省的 63.3%,水资源量仅占全省的 29%。时间分布上,全省年降雨量的 60%~70% 集中在 7—10 月,往往造成汛期洪水成灾,春夏两季旱情多发,使得关中、陕北的水资源更加紧缺。陕北人均水资源只有 890 m³,低于国际社会公认的最低需水线。而关中作为陕西省人口最密集,经济最发达的地区,人均水资源量只有 380 m³,亩均只有 250 m³,仅相当于全国平均水平的 1/8 和 1/6,远低于绝对缺水线。

1.1.3　行政区域

陕西省现设西安、宝鸡、咸阳、铜川、渭南、榆林、延安、汉中、安康、商洛 10 个省辖市和杨陵农业高新技术产业示范区(图 1.2);有 4 个县级市,74 个县和 29 个市辖区,合计 107 个县区(表 1.1)。全省共有 23 个乡,985 个镇,291 个街道办事处,合计 1299 个乡镇和街道办事处(表 1.2)。

表 1.1　陕西省行政区划统计表

	县级			小计	乡级			小计
	区	县	县级市		街道	镇	乡	
西安市	11	2		13	120	52		172
铜川市	3	1		4	17	20	1	38
宝鸡市	3	9		12	17	99		116
咸阳市	3	10	1	14	40	101		141
渭南市	2	7	2	11	20	110		130
延安市	2	11		13	18	84	12	114
汉中市	1	10		11	24	152		176
榆林市	2	9	1	12	19	146	10	175
安康市	1	9		10	4	135		139
商洛市	1	6		7	12	86		98
合计	29	74	4	107	291	985	23	1299

注:截至 2017 年 4 月。

图 1.2 陕西省行政区划图

表 1.2　陕西省乡级行政区划统计表

设区市	县（市、区）	乡（镇、街道）
西安市 11 区 2 县 117 街道 55 镇	新城区 （9 街道）	西一路街道、长乐中路街道、中山门街道、韩森寨街道、解放门街道、自强路街道、太华路街道、长乐西路街道、胡家庙街道
	碑林区 （8 街道）	南院门街道、柏树林街道、长乐坊街道、东关南街街道、太乙路街道、文艺路街道、长安路街道、张家村街道
	莲湖区 （9 街道）	青年路街道、北院门街道、北关街道、红庙坡街道、环城西路街道、西关街道、土门街道、桃园路街道、枣园街道
	灞桥区 （9 街道）	纺织城街道、十里铺街道、红旗街道、席王街道、洪庆街道、狄寨街道、灞桥街道、新筑街道、新合街道
	未央区 （12 街道）	张家堡街道、三桥街道、辛家庙街道、徐家湾街道、大明宫街道、谭家街道、草滩街道、六村堡街道、未央宫街道、汉城街道、建章路街道、未央湖街道
	雁塔区 （10 街道）	小寨路街道、大雁塔街道、长延堡街道、电子城街道、等驾坡街道、鱼化寨街道、丈八街道、曲江街道、杜城街道、漳浒寨街道
	阎良区 （5 街道 2 镇）	凤凰路街道、新华路街道、振兴街道、新兴街道、北屯街道、武屯镇、关山镇
	临潼区 （23 街道）	骊山街道、秦陵街道、新丰街道、代王街道、斜口街道、行者街道、马额街道、零口街道、雨金街道、栎阳街道、相桥街道、徐扬街道、西泉街道、新市街道、交口街道、北田街道、油槐街道、何寨街道、铁炉街道、任留街道、穆寨街道、小金街道、仁宗街道
	长安区 （25 街道）	韦曲街道、郭杜街道、马王街道、滦镇街道、子午街道、太乙宫街道、引镇街道、斗门街道、王寺街道、东大街道、王曲街道、杜曲街道、鸣犊街道、细柳街道、黄良街道、兴隆街道、大兆街道、高桥街道、五台街道、王莽街道、灵沼街道、五星街道、杨庄街道、砲里街道、魏寨街道
	高陵区 （4 街道 3 镇）	鹿苑街道、泾渭街道、崇皇街道、姬家街道、通远镇、耿镇、张卜镇
	鄠邑区 （1 街道 13 镇）	甘亭街道、余下镇、祖庵镇、秦渡镇、大王镇、草堂镇、蒋村镇、庞光镇、涝店镇、甘河镇、石井镇、五竹镇、玉蝉镇、渭丰镇
	蓝田县 （1 街道 18 镇）	蓝关街道、洩湖镇、华胥镇、前卫镇、汤峪镇、焦岱镇、玉山镇、三里镇、普化镇、葛牌镇、蓝桥镇、辋川镇、灞源镇、孟村镇、安村镇、小寨镇、三官庙镇、九间房镇、厚镇
	周至县 （1 街道 19 镇）	二曲街道、哑柏镇、终南镇、马召镇、集贤镇、楼观镇、尚村镇、广济镇、厚畛子镇、四屯镇、竹峪镇、青化镇、翠峰镇、九峰镇、富仁镇、司竹镇、骆峪镇、陈河镇、板房子镇、王家河镇

续表

设区市	县（市、区）	乡（镇、街道）
铜川市 3区 1县 17街道 20镇 1乡	王益区 （6街道1镇）	七一路街道、红旗街道、桃园街街道、青年路街道、王家河街道、王益街道、黄堡镇
	印台区 （4街道5镇）	城关街道、三里洞街道、王石凹街道、印台街道、陈炉镇、红土镇、广阳镇、金锁关镇、阿庄镇
	耀州区 （6街道8镇）	天宝路街道、永安路街道、咸丰路街道、正阳路街道、锦阳路街道、坡头街道、董家河镇、庙湾镇、瑶曲镇、照金镇、小丘镇、孙塬镇、关庄镇、石柱镇
	宜君县 （1街道6镇1乡）	宜阳街道、彭镇、五里镇、太安镇、棋盘镇、尧生镇、哭泉镇、云梦乡
宝鸡市 3区 9县 17街道 99镇	渭滨区 （5街道5镇）	金陵街道、经二路街道、清姜街道、姜谭路街道、桥南街道、马营镇、石鼓镇、神农镇、高家镇、八鱼镇
	金台区 （7街道4镇）	中山东路街道、西关街道、中山西路街道、群众路街道、东风路街道、十里铺街道、卧龙寺街道、陈仓镇、蟠龙镇、金河镇、硖石镇
	陈仓区 （3街道15镇）	虢镇街道、东关街道、千渭街道、阳平镇、千河镇、磻溪镇、天王镇、慕仪镇、周原镇、贾村镇、县功镇、新街镇、坪头镇、香泉镇、赤沙镇、拓石镇、凤阁岭镇、钓渭镇
	凤翔县 （12镇）	城关镇、虢王镇、彪角镇、横水镇、田家庄镇、糜杆桥镇、南指挥镇、陈村镇、长青镇、柳林镇、姚家沟镇、范家寨镇
	岐山县 （9镇）	益店镇、蒲村镇、青化镇、枣林镇、雍川镇、凤鸣镇、蔡家坡镇、京当镇、故郡镇
	扶风县 （1街道7镇）	城关街道、天度镇、午井镇、绛帐镇、段家镇、杏林镇、召公镇、法门镇
	眉县 （1街道7镇）	首善街道、横渠镇、槐芽镇、汤峪镇、常兴镇、金渠镇、营头镇、齐镇
	陇县 （10镇）	城关镇、东风镇、八渡镇、温水镇、天成镇、曹家湾镇、固关镇、东南镇、河北镇、新集川镇
	千阳县 （7镇）	城关镇、崔家头镇、南寨镇、张家塬镇、水沟镇、草碧镇、高崖镇
	麟游县 （7镇）	九成宫镇、崔木镇、招贤镇、两亭镇、常丰镇、丈八镇、酒房镇
	凤县 （9镇）	双石铺镇、凤州镇、黄牛铺镇、红花铺镇、河口镇、唐藏镇、平木镇、坪坎镇、留凤关镇
	太白县 （7镇）	嘴头镇、桃川镇、靖口镇、太白河镇、鹦鸽镇、王家坡镇、黄柏塬镇

设区市	县（市、区）	乡（镇、街道）
咸阳市 3 区 10 县 1 市 40 街道 101 镇	秦都区 （12 街道）	人民路街道、西兰路街道、吴家堡街道、渭阳西路街道、陈杨寨街道、古渡街道、沣东街道、钓台街道、马泉街道、渭滨街道、双照街道、马庄街道
	杨陵区 （3 街道 2 镇）	杨陵街道、李台街道、大寨街道、五泉镇、揉谷镇
	渭城区 （10 街道）	中山街道、文汇路街道、新兴路街道、渭阳街道、渭城街道、窑店街道、正阳街道、周陵街道、底张街道、北杜街道、
	三原县 （1 街道 9 镇）	城关街道、陂西镇、独李镇、大程镇、西阳镇、鲁桥镇、陵前镇、新兴镇、嵯峨镇、渠岸镇
	泾阳县 （1 街道 12 镇）	泾干街道、永乐镇、云阳镇、桥底镇、王桥镇、口镇、三渠镇、高庄镇、太平镇、崇文镇、安吴镇、中张镇、兴隆镇
	乾县 （1 街道 15 镇）	城关街道、薛录镇、梁村镇、临平镇、姜村镇、王村镇、马连镇、阳峪镇、峰阳镇、注泔镇、灵源镇、阳洪镇、梁山镇、周城镇、新阳镇、大杨镇
	礼泉县 （1 街道 11 镇）	城关街道、史德镇、西张堡镇、阡东镇、烽火镇、烟霞镇、赵镇、昭陵镇、叱干镇、南坊镇、石潭镇、骏马镇
	永寿县 （1 街道 6 镇）	监军街道、店头镇、常宁镇、甘井镇、马坊镇、渠子镇、永平镇
	彬县 （1 街道 8 镇）	城关街道、北极镇、新民镇、龙高镇、永乐镇、义门镇、水口镇、韩家镇、太峪镇
	长武县 （1 街道 7 镇）	昭仁街道、相公镇、巨家镇、丁家镇、洪家镇、亭口镇、彭公镇、枣园镇
	旬邑县 （1 街道 9 镇）	城关街道、土桥镇、职田镇、张洪镇、太村镇、郑家镇、湫坡头镇、底庙镇、马栏镇、清塬镇
	淳化县 （1 街道 7 镇）	城关街道、官庄镇、方里镇、润镇、车坞镇、铁王镇、石桥镇、十里塬镇
	武功县 （1 街道 7 镇）	普集街道、苏坊镇、武功镇、游凤镇、贞元镇、长宁镇、小村镇、大庄镇
	兴平市 （5 街道 8 镇）	东城街道、西城街道、店张街道、马嵬街道、西吴街道、赵村镇、桑镇、南市镇、庄头镇、南位镇、汤坊镇、丰仪镇、阜寨镇

续表

设区市	县（市、区）	乡（镇、街道）
渭南市 2区 7县 2市 20街道 110镇	临渭区 （8街道16镇）	杜桥街道、人民街道、解放街道、向阳街道、站南街道、双王街道、崇业路街道、良田街道、桥南镇、阳郭镇、故市镇、下邽镇、三张镇、交斜镇、辛市镇、崇凝镇、孝义镇、蔺店镇、官底镇、官路镇、丰原镇、阎村镇、龙背镇、官道镇
	华州区 （1街道9镇）	华州街道、杏林镇、赤水镇、高塘镇、大明镇、瓜坡镇、莲花寺镇、柳枝镇、下庙镇、金堆镇
	潼关县 （1街道4镇）	城关街道、桐峪镇、太要镇、秦东镇、代字营镇
	大荔县 （1街道15镇）	城关街道、两宜镇、冯村镇、双泉镇、范家镇、官池镇、韦林镇、羌白镇、下寨镇、安仁镇、许庄镇、朝邑镇、埝桥镇、段家镇、苏村镇、赵渡镇
	合阳县 （1街道11镇）	城关街道、甘井镇、坊镇、洽川镇、新池镇、黑池镇、路井镇、和家庄镇、王村镇、同家庄镇、百良镇、金峪镇
	澄城县 （1街道9镇）	城关街道、冯原镇、王庄镇、尧头镇、赵庄镇、交道镇、寺前镇、韦庄镇、安里镇、庄头镇
	蒲城县 （1街道15镇）	城关街道、罕井镇、孙镇、兴镇、党睦镇、高阳镇、永丰镇、荆姚镇、苏坊镇、龙阳镇、洛滨镇、陈庄镇、龙池镇、椿林镇、桥陵镇、尧山镇
	白水县 （1街道7镇）	城关街道、尧禾镇、杜康镇、西固镇、林皋镇、史官镇、北塬镇、雷牙镇
	富平县 （1街道14镇）	城关街道、庄里镇、张桥镇、美原镇、淡村镇、留古镇、老庙镇、薛镇、曹村镇、宫里镇、梅家坪镇、刘集镇、齐村镇、到贤镇、流曲镇
	韩城市 （2街道6镇）	新城街道、金城街道、龙门镇、桑树坪镇、芝川镇、西庄镇、芝阳镇、板桥镇
	华阴市 （2街道4镇）	太华路街道、岳庙街道、孟塬镇、华西镇、华山镇、罗敷镇
延安市 2区 11县 18街道 84镇 12乡	宝塔区 （5街道9镇4乡）	宝塔山街道、南市街道、凤凰山街道、桥沟街道、枣园街道、河庄坪镇、李渠镇、青化砭镇、柳林镇、甘谷驿镇、临镇、蟠龙镇、姚店镇、南泥湾镇、川口乡、冯庄乡、麻洞川乡、万花山乡
	安塞区 （3街道8镇）	真武洞街道、金明街道、白坪街道、砖窑湾镇、沿河湾镇、化子坪镇、建华镇、招安镇、高桥镇、坪桥镇、镰刀湾镇
	延长县 （1街道7镇）	七里村街道、黑家堡镇、郑庄镇、张家滩镇、交口镇、罗子山镇、雷赤镇、安沟镇
	延川县 （1街道7镇）	大禹街道、永坪镇、延水关镇、文安驿镇、杨家圪坮镇、贾家坪镇、关庄镇、乾坤湾镇
	子长县 （1街道8镇）	瓦窑堡街道、玉家湾镇、安定镇、马家砭镇、南沟岔镇、涧峪岔镇、李家岔镇、杨家园则镇、余家坪镇
	志丹县 （1街道7镇）	保安街道、旦八镇、金鼎镇、永宁镇、杏河镇、顺宁镇、义正镇、双河镇

设区市	县（市、区）	乡（镇、街道）
延安市 2 区 11 县 18 街道 84 镇 12 乡	吴起县 （1 街道 8 镇）	吴起街道、周湾镇、白豹镇、长官庙镇、长城镇、铁边城镇、吴仓堡镇、庙沟镇、五谷城镇
	甘泉县 （1 街道 3 镇 2 乡）	美水街道、下寺湾镇、道镇、石门镇、桥镇乡、劳山乡
	富县 （1 街道 6 镇 1 乡）	茶坊街道、张村驿镇、张家湾镇、直罗镇、牛武镇、寺仙镇、羊泉镇、北道德乡
	洛川县 （1 街道 7 镇 1 乡）	凤栖街道、旧县镇、交口河镇、老庙镇、土基镇、石头镇、槐柏镇、永乡镇、菩堤乡
	宜川县 （1 街道 4 镇 2 乡）	丹州街道、秋林镇、集义镇、云岩镇、壶口镇、英旺乡、交里乡
	黄龙县 （5 镇 2 乡）	石堡镇、白马滩镇、瓦子街镇、界头庙镇、三岔镇、圪台乡、崾崄乡
	黄陵县 （1 街道 5 镇）	桥山街道、店头镇、隆坊镇、田庄镇、阿党镇、双龙镇
汉中市 1 区 10 县 24 街道 152 镇	汉台区 （8 街道 7 镇）	北关街道、东大街街道、汉中路街道、中山街道、东关街道、龙江街道、鑫源街道、七里街道、铺镇、武乡镇、河东店镇、宗营镇、老君镇、汉王镇、徐望镇
	南郑县 （1 街道 20 镇）	汉山街道、圣水镇、大河坎镇、协税镇、梁山镇、阳春镇、高台镇、新集镇、濂水镇、黄官镇、青树镇、红庙镇、牟家坝镇、法镇、湘水镇、小南海镇、碑坝镇、黎坪镇、福成镇、两河镇、胡家营镇
	城固县 （2 街道 15 镇）	莲花街道、博望街道、龙头镇、沙河营镇、文川镇、柳林镇、老庄镇、桔园镇、原公镇、上元观镇、天明镇、二里镇、五堵镇、双溪镇、小河镇、三合镇、董家营镇
	洋县 （3 街道 15 镇）	洋州街道、戚氏街道、纸坊街道、龙亭镇、谢村镇、马畅镇、溢水镇、磨子桥镇、黄家营镇、黄安镇、黄金峡镇、槐树关镇、金水镇、华阳镇、茅坪镇、关帝镇、桑溪镇、八里关镇
	西乡县 （2 街道 15 镇）	城北街道、城南街道、杨河镇、柳树镇、沙河镇、私渡镇、桑园镇、白龙塘镇、峡口镇、堰口镇、茶镇、高川镇、两河口镇、大河镇、骆家坝镇、子午镇、白勉峡镇
	勉县 （1 街道 17 镇）	勉阳街道、武侯镇、周家山镇、同沟寺镇、新街子镇、老道寺镇、褒城镇、金泉镇、定军山镇、温泉镇、元墩镇、阜川镇、新铺镇、茶店镇、镇川镇、长沟河镇、张家河镇、漆树坝镇
	宁强县 （2 街道 16 镇）	高寨子街道、汉源街道、大安镇、代家坝镇、阳平关镇、燕子砭镇、广坪镇、青木川镇、毛坝河镇、铁锁关镇、胡家坝镇、巴山镇、巨亭镇、舒家坝镇、太阳岭镇、安乐河镇、禅家岩镇、二郎坝镇

续表

设区市	县（市、区）	乡（镇、街道）
汉中市 1区 10县 24街道 152镇	略阳县 （2街道15镇）	兴洲街道、横现河街道、接官亭镇、两河口镇、金家河镇、徐家坪镇、白水江镇、硖口驿镇、乐素河镇、郭镇、黑河镇、白雀寺镇、西淮坝镇、五龙洞镇、观音寺镇、马蹄湾镇、仙台坝镇
	镇巴县 （1街道19镇）	泾洋街道、渔渡镇、盐场镇、观音镇、巴庙镇、兴隆镇、长岭镇、三元镇、简池镇、碾子镇、小洋镇、青水镇、永乐镇、杨家河镇、赤南镇、巴山镇、大池镇、平安镇、仁村镇、黎坝镇
	留坝县 （1街道7镇）	紫柏街道、马道镇、武关驿镇、留侯镇、江口镇、青桥驿镇、火烧店镇、玉皇庙镇
	佛坪县 （1街道6镇）	袁家庄街道、陈家坝镇、大河坝镇、西岔河镇、长角坝镇、石墩河镇、岳坝镇
榆林市 2区 10县 19街道 146镇 10乡	榆阳区 （12街道14镇5乡）	鼓楼街道、青山路街道、上郡路街道、新明楼街道、航宇路街道、崇文路街道、驼峰路街道、长城路街道、金沙路街道、朝阳路街道、沙河路街道、明珠路街道、鱼河峁镇、上盐湾镇、镇川镇、麻黄梁镇、牛家梁镇、金鸡滩镇、马合镇、巴拉素镇、鱼河镇、大河塔镇、古塔镇、青云镇、小纪汗镇、芹河镇、孟家湾乡、小壕兔乡、岔河则乡、补浪河乡、红石桥乡
	横山区 （1街道13镇）	横山街道、石湾镇、高镇、武镇、党岔镇、响水镇、波罗镇、殿市镇、塔湾镇、赵石畔镇、韩岔镇、魏家楼镇、雷龙湾镇、白界镇
	神木县 （15镇）	神木镇、高家堡镇、店塔镇、孙家岔镇、大柳塔镇、花石崖镇、中鸡镇、贺家川镇、尔林兔镇、万镇、大保当镇、马镇、栏杆堡镇、沙峁镇、锦界镇
	府谷县 （14镇）	府谷镇、皇甫镇、哈镇、庙沟门镇、新民镇、孤山镇、清水镇、古城镇、三道沟镇、大昌汗镇、老高川镇、武家庄镇、木瓜镇、田家寨镇
	靖边县 （1街道16镇）	张家畔街道、东坑镇、青阳岔镇、宁条梁镇、周河镇、红墩界镇、杨桥畔镇、王渠则镇、中山涧镇、杨米涧镇、天赐湾镇、龙洲镇、海则滩镇、黄蒿界镇、席麻湾镇、小河镇、镇靖镇
	定边县 （1街道14镇4乡）	定边街道、贺圈镇、红柳沟镇、砖井镇、白泥井镇、安边镇、堆子梁镇、白湾子镇、姬塬镇、杨井镇、新安边镇、张崾先镇、樊学镇、盐场堡镇、郝滩镇、石洞沟乡、油房庄乡、冯地坑乡、学庄乡
	绥德县 （15镇）	薛家峁镇、崔家湾镇、定仙墕镇、枣林坪镇、义合镇、吉镇、薛家河镇、石家湾镇、田庄镇、中角镇、四十里铺镇、名州镇、张家砭镇、白家硷镇、满堂川镇
	米脂县 （1街道8镇）	银州街道、桃镇、龙镇、杨家沟镇、杜家石沟镇、沙家店镇、印斗镇、郭兴庄镇、城郊镇
	佳县 （1街道12镇）	佳州街道、坑镇、店镇、乌镇、金明寺镇、通镇、王家砭镇、方塌镇、朱官寨镇、朱家坬镇、螅镇、刘国具镇、木头峪镇
	吴堡县 （1街道5镇）	宋家川街道、辛家沟镇、郭家沟镇、寇家塬镇、岔上镇、张家山镇

设区市	县（市、区）	乡（镇、街道）
榆林市 2 区 10 县 19 街道 146 镇 10 乡	清涧县 （9 镇）	宽州镇、石咀驿镇、折家坪镇、玉家河镇、高杰村镇、李家塔镇、店则沟镇、解家沟镇、下廿里铺镇
	子洲县 （1 街道 11 镇 1 乡）	双湖峪街道、何家集镇、老君殿镇、裴家湾镇、苗家坪镇、三川口镇、马蹄沟镇、周家硷镇、电市镇、砖庙镇、淮宁湾镇、马岔镇、驼耳巷乡
安康市 1 区 9 县 4 街道 135 镇	汉滨区 （4 街道 24 镇）	老城街道、新城街道、江北街道、建民街道、关庙镇、张滩镇、瀛湖镇、五里镇、恒口镇、吉河镇、流水镇、大竹园镇、洪山镇、茨沟镇、大河镇、沈坝镇、双龙镇、叶坪镇、中原镇、早阳镇、石梯镇、关家镇、县河镇、晏坝镇、谭坝镇、坝河镇、牛蹄镇、紫荆镇
	汉阴县 （10 镇）	城关镇、涧池镇、蒲溪镇、平梁镇、双乳镇、铁佛寺镇、漩涡镇、汉阳镇、双河口镇、观音河镇
	石泉县 （11 镇）	城关镇、饶峰镇、两河镇、迎丰镇、池河镇、后柳镇、喜河镇、熨斗镇、云雾山镇、曾溪镇、中池镇
	宁陕县 （11 镇）	城关镇、四亩地镇、江口回族镇、广货街镇、龙王镇、筒车湾镇、金川镇、皇冠镇、梅子镇、新场镇、太山庙镇
	紫阳县 （17 镇）	城关镇、蒿坪镇、汉王镇、焕古镇、向阳镇、洞河镇、洄水镇、双桥镇、高桥镇、红椿镇、高滩镇、毛坝镇、瓦庙镇、麻柳镇、双安镇、东木镇、界岭镇
	岚皋县 （12 镇）	城关镇、佐龙镇、滔河镇、官元镇、石门镇、民主镇、大道河镇、蔺河镇、四季镇、孟石岭镇、堰门镇、南宫山镇
	平利县 （11 镇）	城关镇、兴隆镇、老县镇、大贵镇、三阳镇、洛河镇、广佛镇、八仙镇、长安镇、西河镇、正阳镇
	镇坪县（7 镇）	城关镇、曾家镇、牛头店镇、钟宝镇、上竹镇、曙坪镇、华坪镇
	旬阳县 （21 镇）	城关镇、棕溪镇、关口镇、蜀河镇、双河镇、小河镇、赵湾镇、麻坪镇、甘溪镇、白柳镇、吕河镇、神河镇、铜钱关镇、段家河镇、金寨镇、桐木镇、仙河镇、构元镇、石门镇、红军镇、仁河口镇、
	白河县 （11 镇）	城关镇、中厂镇、构扒镇、卡子镇、茅坪镇、宋家镇、西营镇、仓上镇、双丰镇、麻虎镇、冷水镇
商洛市 1 区 6 县 12 街道 86 镇	商州区 （4 街道 14 镇）	城关街道、大赵峪街道、陈塬街道、刘湾街道、夜村镇、沙河子镇、杨峪河镇、金陵寺镇、黑山镇、杨斜镇、麻街镇、牧护关镇、大荆镇、腰市镇、板桥镇、北宽坪镇、三岔河镇、闫村镇
	洛南县 （2 街道 14 镇）	城关街道、四皓街道、景村镇、古城镇、三要镇、灵口镇、寺耳镇、巡检镇、石坡镇、石门镇、麻坪镇、洛源镇、保安镇、永丰镇、高耀镇、柏峪寺镇
	丹凤县 （1 街道 11 镇）	龙驹寨街道、庾岭镇、蔡川镇、峦庄镇、铁峪铺镇、武关镇、竹林关镇、土门镇、寺坪镇、商镇、棣花镇、花瓶子镇

续表

设区市	县(市、区)	乡(镇、街道)
商洛市 1区 6县 12街道 86镇	商南县 (1街道9镇)	城关街道、富水镇、湘河镇、赵川镇、金丝峡镇、过风楼镇、试马镇、清油河镇、十里坪镇、青山镇
	山阳县 (2街道16镇)	城关街道、十里铺街道、高坝店镇、天竺山镇、中村镇、银花镇、西照川镇、漫川关镇、南宽坪镇、户家塬镇、杨地镇、小河口镇、色河铺镇、板岩镇、延坪镇、两岭镇、王阎镇、法官镇
	镇安县 (1街道14镇)	永乐街道、回龙镇、铁厂镇、大坪镇、米粮镇、茅坪回族镇、西口回族镇、高峰镇、青铜关镇、柴坪镇、达仁镇、木王镇、云盖寺镇、庙沟镇、月河镇
	柞水县 (1街道8镇)	乾佑街道、营盘镇、下梁镇、小岭镇、凤凰镇、红岩寺镇、曹坪镇、杏坪镇、瓦房口镇

1.1.4 预报区域界定

根据陕西的气候特点和地形特征,结合行政区域将全省 10 个省辖市按照自北向南由西向东的原则分为陕北地区、关中地区、陕南地区三个天气预报发布区。

陕北地区:具体指榆林、延安 2 个市;

关中地区:具体指铜川、宝鸡、咸阳、西安、渭南 5 个市;

陕南地区:具体指汉中、安康、商洛 3 个市。

依据天气系统的移动路径和影响的早晚,沿用以往历史上预报用语习惯在上述三大区域的基础上又可划分若干个预报区域。如陕北地区又可分为陕北北部和陕北南部 2 个预报区域。

陕北北部:具体指榆林市所辖的区、县;

陕北南部:具体指延安市所辖的区、县。

关中地区又可分为关中西部和关中东部 2 个预报区域。

关中西部:具体指宝鸡和咸阳两市所辖的区、县;

关中东部:具体指西安、渭南和铜川 3 市所辖的区、县。

陕南地区又可分为陕南西部和陕南东部 2 个预报区域。

陕南西部:具体指汉中市所辖的区、县;

陕南东部:具体指安康和商洛 2 市所辖的区、县。

根据灾害性天气的影响范围和地形、地貌特征,在上述各预报区域的基础上还可划分若干更小的预报区域。如陕北地区还可以使用"陕北长城沿线"和"陕北黄河沿线"预报区域。

陕北长城沿线:具体指定边、靖边、横山、榆林、神木、府谷等县(区);

陕北黄河沿线:具体指府谷、神木、佳县、米脂、绥德、吴堡、清涧、延川、延长、宜川等县。

关中地区还可以使用"渭北塬区(渭北)"和"渭河以南沿山地区(渭河以南)"预报区域。

渭北塬区:具体指铜川市所辖的县、区和宝鸡、咸阳、渭南 3 市北部海拔在 500 m 以上塬区的市县(陇县、千阳、凤翔、岐山、麟游、扶风、长武、彬县、旬邑、永寿、淳化、乾县、礼泉、白

水、澄城、合阳、韩城);

　　渭河以南沿山地区:具体指宝鸡、西安、渭南 3 市渭河以南沿秦岭北麓的市县(眉县、周至、鄠邑、长安、蓝田、临潼、渭南、华县、华阴、潼关)。

　　陕南地区还可以使用"秦岭山区"和"陕南南部"预报区域。

　　秦岭山区:具体指宝鸡、汉中和安康 3 市海拔在 800 m 以上的山区县(凤县、留坝、太白、佛坪、宁陕、柞水、镇安);

　　陕南南部:具体指汉中和安康南部的部分县(宁强、镇巴、紫阳、岚皋、镇坪、平利、安康、旬阳、白河)。

　　上述预报区域界定仅适用陕西省气象台预报员在全省预报落区中参考使用,在特殊的天气预报落区中也可灵活掌握落区用语,不受上述界定限制。如在农业气象预报中会提到渭北优势果业区,具体指:

　　宝鸡 6 县(区),包括陈仓、陇县、千阳、凤翔、岐山、扶风;

　　咸阳 7 县,包括永寿、彬县、长武、旬邑、淳化、乾县、礼泉;

　　渭南 6 县,包括合阳、韩城、白水、澄城、浦城、富平;

　　铜川 3 县(区),包括耀州、印台、宜君;

　　延安 8 县(区),包括宝塔、宜川、洛川、富县、黄陵、延长、延川、安塞。

1.2　气候特征

　　陕西地处西北内陆的中纬度地区,冬季受蒙古冷高压控制,寒冷干燥,夏季受西太平洋副热带高压和印度低压影响,炎热多雨,春秋为过渡季节,春暖干燥,秋凉湿润,具有明显的大陆性季风气候特点。

　　陕西省气候以秦岭为界,南北差异显著:从北到南纵跨温带、暖温带、北亚热带三个气候带,即陕北北部温带,陕北南部、关中和秦岭南坡(海拔 1000 m 以上)暖温带,陕南北亚热带。特点是:春暖多风、气温回升快而不稳,降水少,陕北多大风沙尘天气;夏季炎热多雨,降水集中在 7—9 月,多雷阵雨、暴雨,渭北多冰雹、阵性大风天气,间有"伏旱";秋凉较湿润、气温下降快,关中、陕南多阴雨天气;冬季寒冷干燥,气温低,雨雪稀少。

　　气候类型多样。陕西自南向北从大巴山到长城沿线跨越 8 个纬度,分布有北亚热带、暖温带、中温带三个热量带,湿润、半湿润、半干旱甚至干旱气候等多种类型,这在全国各省(区)是少见的。

　　冬冷夏热,四季分明。陕西地处西北内陆,远离海洋,受大陆性季风气候影响,一年四季分明,冬冷夏热,气温 1 月最低,7 月最高,温度春季陡升秋季快降,且春温略高于秋温。

　　干湿明显,旱涝灾害频发。陕西年均降水量南多北少。受东西走向的秦岭山脉阻挡影响,是我国干湿气候的分界线。在秦岭以北地区气候干旱,以南地区气候湿润。如陕北地区的定边年平均降雨量为 325 mm,而在秦岭以南的镇巴年平均降雨量为 1276 mm,后者是前者的近 4 倍。其次陕西地区降水季节分配不均匀,夏季降水最多,秋春次之,冬季最少。降水多集中在夏季,雨热同季,有利于农业生产。但因有暴雨发生,往往造成洪涝灾害,对农业生产有一定危害。

1.2.1 降水气候特征

陕西年降水量的分布是南多北少,由南向北递减,受山地地形影响比较显著。全省年降水量 325～1276 mm,陕南巴山地区年降水量 900～1276 mm,是陕西降水量最多的地区,陕北长城沿线年降水量只有 325～410 mm,是陕西省降水量最少的地区。关中地区年降水量为 498～676 mm,分布规律从东到西逐渐增多(图1.3)。全省各地降水集中于7—9月,占年降水量的 55%～65%,夏季虽然降水集中,但降水变率也较大,形成易旱易涝的气候特点。陕西雨季较短,干湿季节分明。7月下旬至8月上旬,受副热带高压摆动影响,降雨量分布极不均匀,干旱与短时强降雨交替出现,可出现明显的少雨时段,形成陕西有名的伏旱,也可出现局地性强降雨,造成洪涝灾害。

降水是大气中的水的相变(水汽凝聚成雨、雪等)过程。从其机制来分析,某一地区降水的形成,大致有三个过程:

(1)水汽由源地水平输送到降水地区,这就是水汽条件。

(2)水汽在降水区辐合上升,在上升过程中绝热膨胀冷却凝结成云,这就是垂直运动的条件。

(3)云滴增长变为雨滴而下降,这就是云滴增长的条件。

前两个是属于降水的宏观过程,主要决定于天气学条件,第三个条件是属于降水的微观过程,主要决定于云物理条件。

1.2.1.1 降水标准

气象部门把降雨、降雪都称作降水。降水的多少叫降水量,降水量是一定时间内,降落到水平面上,假定无渗漏,不流失,也不蒸发,累积起来的水的深度,即指降落在平面地面上液态水的厚度。降水量是衡量一个地区降水多少的数据,其单位是 mm,在气象学上,降水等级是按照一定时段内降水量(大于等于 0.1 mm)的大小来划分的。常用年降水量来描述某地气候,是除气候类型之外的一个重要指标,并用等降水量线来划分各个干湿区域。

一般按 24 h 降雨量(即日雨量)可把降雨分为六个等级,如表1.3所示。针对短时强降水过程,各地还经常以 12 h 的累计降雨量来划分降雨的等级,甚至也有地方根据强降雨情况使用 1 h 累计降雨量来初步划分。

表 1.3　降雨的等级(单位：mm)

降雨等级	小雨	中雨	大雨	暴雨	大暴雨	特大暴雨
24 h 降雨量	0.1～9.9	10.0～24.9	25.0～49.9	50.0～99.9	100.0～249.9	＞250.0
12 h 降雨量	0.1～4.9	5.0～14.9	15.0～29.9	30.0～69.9	70.0～139.9	＞140.0

在没有器测雨量的情况下,也可以从当时的降雨状况来简单判断降水的强度。小雨:雨点清晰可见,地面没漂浮现象;下地不四溅,洼地积水很慢;屋上雨声微弱,屋檐只有滴水。中雨:雨落如线,雨滴不易分辨,落硬地四溅,洼地积水较快,屋顶有沙沙雨声。大雨:降雨如倾盆,模糊成片,雨滴落地四溅,洼地积水极快,屋顶有哗哗雨声。

图 1.3　陕西省年平均降水量(单位:mm)

　　暴雨以上量级降水则往往能造成洪涝灾害。由于我国幅员辽阔,东西、南北地区的降水差别很大,同样的降水在不同的地区产生的影响不一,降水等级的划分也各有差异。有少数地区根据本省具体情况另有规定,制定了一些地方标准在当地使用。例如,多雨的广东省,日雨量 80 mm 以上称暴雨;位于西北边疆的新疆,气候干燥,降水更少,日雨量大于等于10 mm 的雨日即为"大降水"。陕西将 24 h 降雨量达到 50 mm 以上称为暴雨,1 h 降雨量达到 16 mm 以上称为短时暴雨。

气象上对于雪量有严格的规范。它是用一定标准的容器,将收集到的雪融化后测量出的量度。如同降雨量一样,降雪的等级划分也有 24 h 累计和 12 h 累计的不同标准(表 1.4)。

表 1.4　降雪的等级(单位:mm)

等级	时段降雪量	
	12 h 降雪量	24 h 降雪量
微量降雪(零星小雪)	<0.1	<0.1
小雪	0.1~0.9	0.1~2.4
中雪	1.0~2.9	2.5~4.9
大雪	3.0~5.9	5.0~9.9
暴雪	6.0~9.9	10.0~19.9
大暴雪	10.0~14.9	20.0~29.9
特大暴雪	≥15.0	≥30.0

降雪量是指将雪转化成等量的水的深度,与积雪厚度可按照 1:15 的比例换算。如此计算,97.7 mm 降雪量约为 1.5 m 厚的积雪。

1.2.1.2　降水空间分布

根据陕西 1981—2010 年各代表站降水量统计计算,得到多年平均年降水量分布(图 1.4),从南到北降水量递减,分布呈两高两低;最大为镇巴 1275.7 mm、最小为定边 324.5 mm,秦岭以南的汉中、安康在 742 mm 以上,秦岭北麓 600 mm 以上,关中地区为 498~646 mm,自东到西递增,宝鸡最大为 646 mm,西安 566 mm,渭南大荔县为 498 mm,合阳 490 mm,黄土高原丘壑地区为 438~538 mm,长城沿线的榆林地区为 325~410 mm;与全国平均降水量(630 mm)相比,除了秦岭以南及扎麓部分县区外,其余地区均偏少。

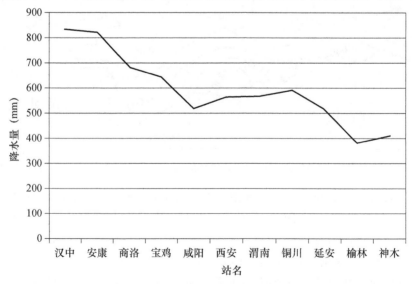

图 1.4　1981—2010 年平均降水分布

1.2.1.3　时间分布

（1）月降水量占年降水量的百分比

从各月各站降水百分比分布来看，不完全呈正态分布，1、2月小于2%，3、4月开始增大到6%，5、6月为9%～11%，7月最大17.6%，8月减小到15%，9月又增加到16.5%，10月又减小到10.6%，11、12月小于4%。图1.5为西安降雨量百分比分布，由此分析可知，3—10月是雨水充沛的时段，也是陕西的主要降水期。

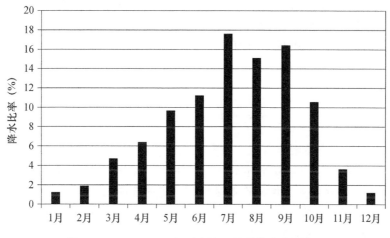

图1.5　1981—2010年西安站逐月平均降水百分比

统计各月各站的平均降水日，总特征为从南向北递减，降水日（次）与降水量分布相当一致，与降水量百分比有很好的对应。

（2）降水日数的分布特征

通过各站年平均降水日数（图1.6），可以看出：汉中最大（118 d）、商洛（103 d）、西安（89 d）、延安（81 d）、榆林（65 d）依次减小，地处陕西南部的汉中全年近三分之一为雨日，地处关

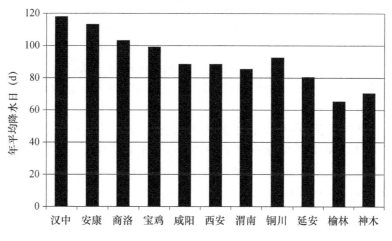

图1.6　1981—2010年平均降水日分布

中的西安全年近四分之一为雨日,地处陕西最北部的榆林全年只有六分之一为雨日,仅为汉中降水日数的一半多,表现出明显的南多北少显著差异的特点,同样大于 10mm 降水日数榆林不到汉中降水日数的一半。

彭艳等(2016)利用陕西 82 个气象观测站的降水观测资料分析了 1960—2012 年陕西雨季(6—9 月)和全年的降水量、降水日数变化特征,结果表明,近 60 年陕西雨季、全年雨量和降雨日数均呈南多北少分布,雨季的雨量占全年总雨量的 64%。雨季及全年总降雨量南北相差近 4 倍,降水向雨季集中;关中,雨季及全年的降水西部高于东部,雨季东西部的降水差异较全年更加明显。关中西部的降雨日数明显多于关中东部。小雨是陕西的主要降雨事件,陕西小雨在雨季和全年降水量中分别占 24.4% 和 32.9%,小雨日数比例分别达 79% 和 86%。陕西全年和雨季小雨雨量和降雨日数均呈现下降趋势,雨季 10 mm 以上的降水量和降雨日数呈增加趋势,雨季降水的增加主要是 10 mm 以上降水量的贡献,陕西雨季雨强有增强的趋势。

1.2.1.4　降水天气系统的配置与降水区

每一次降水天气都是冷暖空气在上空交汇的结果,杜继稳(2007)通过 2000—2003 年春秋季(3—5 月,9—11 月),3 年 88 个样本分析,关中地区春秋季一般性降水主要有以下 4 种形式的影响系统配置,这对人工增雨作业区域和时机的选择至关重要。

(1)暖脊—500 hPa 低槽—700 hPa 切变

此配置降水区范围较大且雨量较大(不小于 5 mm),500 hPa 低槽与 700 hPa 切变相距大于两个经距,当 700 hPa 为横切变时,降水落区与横切变线对应较好,降雨一般位于 500 hPa 低槽前、横切变两侧;当 700 hPa 为低涡切变时,降水落区位于低涡附近或略偏前;当 700 hPa 为竖切变时,降水区位于正前方。

(2)暖脊—500 hPa 高原切变—700 hPa 低涡切变、横切变

这类降水区位于 500 hPa 切变线南侧区域,当 700 hPa 为低涡切变时,雨区位于其前部附近;当 700 hPa 为横切变时,雨区位于横切变两侧或者覆盖在两切变线略偏南区域。

(3)平直西风气流—500 hPa 短波槽—700 hPa 竖切变

此类降水多发生在春季,由于短波槽移动速度较快,降水持续时间不长,一般为 12 h 左右,大范围降水较少,多为区域性降水。500 hPa 短波槽与 700 hPa 竖切变相距 2～3 经距,降水区多在 500 hPa 短波槽前,700 hPa 竖切变附近或略偏前区域。

(4)副热带高压—500 hPa 低槽—700 hPa 切变或者 500 hPa 切变线—700 hPa 低窝切变、横切变

此类型降水时间较长,往往是秋季连阴雨形势。降水区通常位于副热带高压外围,580～588 dagpm 线之间,明显降水区位于 584 dagpm 等值线附近。对于 500 hPa 低槽、切变线和 700 hPa 切变线来说,降水区大多覆盖在 500 hPa、700 hPa 切变线之上,当 500 hPa 为低槽时,降水区略偏前于槽线位置。

1.2.2　降雹气候特征

冰雹是陕西省重要灾害性天气之一,常伴随大风、雷电、暴雨同时发生,来势凶猛、破坏

力大,常常是拔树、倒屋、损害农作物、毁坏电力和交通设施等,也对农业生产造成严重危害。陕西省地处中纬度大陆腹地,由于下垫面复杂地形影响,气温差异较大,加之地面温度的变率较大,在触发机制和强的风垂直切变等条件下容易形成强烈的上升气流,产生强的不稳定层结,在具备适中的水汽含量,适宜的 0 ℃和－20 ℃大气层高度,即可发生冰雹天气。尤其是陕北和关中北部,由于植被稀少,黄土层裸露,春夏之交地面受较强的太阳辐射产生不稳定的大气层结,与适当的高空天气系统上下配合,就会产生局地冰雹。冰雹天气常伴有雷雨、大风,破坏力极大,冰雹降自强对流单体的特定位置,范围常常很小,因此,常有"雹打一条线"的说法,冰雹过程影响范围通常仅几千米或几十千米,具有明显的局地性。陕西历年降雹期为 3—10 月,但多雹时段陕北为 6—7 月,关中大部地区为 5—6 月,秦岭山区为 4—6 月。平均 3—5 年出现一次多雹年。陕北、渭北、关中西部山区、秦岭东部是冰雹多发区。

据防雹炮点资料统计,陕西 1991—2010 年 20 年共出现了 297 个降雹日,平均每年 15 d。降雹日数年际差异大,出现最少的降雹日数为 1995 年仅 2 d,出现最多的降雹日数为 2000 年(32 d)。陕西冰雹灾害主要集中在渭北,同期渭北地区冰雹日数为 214 d,占全省冰雹日数的 72％,年平均降雹 11 d。渭北地区冰雹源地有四个,分别是白于山、六盘山、子午岭、黄龙山。影响渭北的冰雹路径有 16 条,以西北路径为主,均对渭北苹果产区产生影响。

1.2.2.1　冰雹地理分布特征

地形、地貌和地势对冰雹天气的发生有很大的影响。陕西省南北跨度大,东西窄,境内陕北为高原东沿,多沟壑,关中为塬、梁谷地,陕南为山地丘陵,地形复杂。根据 1961—2006 年气象站记录,陕西平均降雹日分布有如下特点。

(1)北部多于南部

陕西降雹日分布的特点是陕北多于关中、陕南,关中的北部塬区多于关中南部川道,陕南山区多于河谷。全省冰雹最多的地区为铜川宜君县,平均每年 2.0 d。冰雹较多的地区为榆林府各县、佳县、延安吴旗县、宝塔区、甘泉县、宜川县、黄龙县,年冰雹日数在 1.5 d 以上。渭北各地年均降雹日为 0.3～2.0 d,宜君县最多,为 2.0 d。秦岭山区为另一多雹区,商洛东部及华山平均降雹日数在 0.5～1.1 d,华山最多年均降雹日数为 1.1 d,太白县、扶风县、留坝县、佛坪县年均降雹日 0.6～0.9 d、关中南部及秦岭以南为冰雹少发区,年冰雹日数均在 0.5 d 以下(图 1.7)。

(2)多雹中心分布

以年平均降雹日数大于 1.5 d 为多雹区,陕西省有 3 个多雹区,分别以榆林东部府谷、佳县、延安西部吴旗、延安南部及铜川北部,华山、洛南、旬邑、长武太白为相对多雹点(大于等于 0.8 d)。

(3)山地多于平原,海拔高的地区多于海拔低的地区

关中盆地及汉中盆地及安康海拔高度较低区域为冰雹最少的地区。年平均降雹日数 0.3 d 以下。

陕西宝鸡陇县 1950—2005 年 56 年炮点降雹统计结果表明,除 1966、1992 和 1995

年没有冰雹发生外,其他各年都有冰雹发生,比较突出的降雹共 327 d,平均每年降雹 5.8 d。冰雹发生最多的年份是 1977 年(17 d)。20 世纪 50 年代共降雹 44 d,年均 4.4 d,60 年代共降雹 43 d,年均 4.3 d,70 年代共降雹 100 d,年均 10 d,80 年代共降雹 75 d,年均 7.5 d,90 年代共降雹 34 d,年均 3.4 d;2000—2005 年这 6 年共降雹 31 d,年均 5.1 d。

图 1.7　陕西 1981—2010 年年平均冰雹日数分布(以气象站记录为准)

　　渭南市 1976—2005 年 30 年的炮点降雹资料(张丽娟等,2007)表明,各县均有冰雹出现,北部多于南部。若以年平均降雹日数大于等于 3.0 d 为多雹区,则有 3 个多雹区(白水、蒲城、澄城),年均降雹 3.1 d 以上。西部富平为多雹区,年均降雹 2.3 d;东北部合阳、韩城、大荔为多雹区,年均降雹 1.3~1.9 d。南部渭河以南为少雹区,年均降雹不足 1 d。

　　徐玉霞等(2008)统计了铜川耀州区 1989—2005 年炮点冰雹灾害记录,资料表明:17 年中耀州区共发生冰雹 27 d,平均每年降雹 1.6 d。1993 和 1996 年发生冰雹最多,为 6 d,而从 1997 年以后,尤其是 1997、1998、2003、2004 这四年并无冰雹灾害发生。

1.2.2.2　时间分布特征

陕西冰雹具有季节性特点,12、1 月为无雹时段,2—11 月都可能出现降雹。降雹出现最早在 2 月 15 日(1981 年长安县),最晚出现在 11 月 9 日(1981 年乾县)。平均初雹日为 3 月 17 日,平均终雹日为 10 月 21 日。陕北主要集中在 6—8 月,其中 6 月所占比重最大,为 25%,6—8 月合计占全年的 61%。关中降雹主要集中在 5—8 月,其中 6 月所占比重最大,为 23%,5—8 月合计占全年的 75%。陕南降雹主要集中在 4—6 月,其中 6 月所占比重最大,为 24%,4—6 月合计降雹占全年的 63%。

陕西冰雹具有时间集中、危害重的特点,在降雹出现概率和强度上,高峰期均出现在生产关键季节的 5—8 月,占全年冰雹总日数的 72.2%,其中以 6 月最多,平均每年出现 7.0 d,占全年总降雹日的 19.9%,其次是 7 月平均每年出现 6.8 d(图 1.8)。降雹时的灾害统计表明,6—7 月雹灾日占全年雹灾日的 57%。关中造成重灾的冰雹主要发生在 5—6 月,陕北多在 7—9 月。

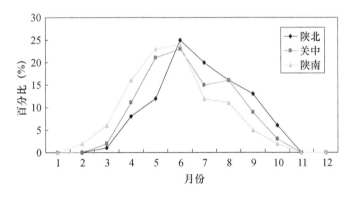

图 1.8　1961—2006 年陕北、关中、陕南平均月冰雹日数百分比

冰雹的日变化非常明显,呈午后单峰型。00—08 时是陕西省冰雹出现最少时段,仅占 3%,09 时以后随时间推移逐渐增多,13—20 时是冰雹最集中的时段,降雹次数占总数的 80%,其中 14—19 时是降雹的高峰。

降雹过程平均持续时间较短,但高原比平川、盆地长,高山比河谷长,每次降雹持续的时间有很大的差异,最长达 1 h 36 min,最短历时 1 min,平均历时 6 min。

1.2.2.3　移动路径特点

冰雹发生的地区和移动的路径不仅与地形有关,还取决于高层大气环流。关中地区地形复杂,受西风带、副热带天气系统的相互作用,冰雹的移动路径比较复杂。影响关中地区的雹云集中分布在两个地区:一个是子午岭,一个是六盘山。冰雹系统的移动路径与当地河流、山谷走向基本一致,并沿河谷向东南方向移动,当天气系统非常明显时,冰雹受高空气流的引导,其移动路径可以自西向东或自北向南移动。子午岭雹源主要影响延安南部、铜川、咸阳北部、渭南和西安东部山区,六盘山雹源主要影响宝鸡和咸阳部分地区(图 1.9)。

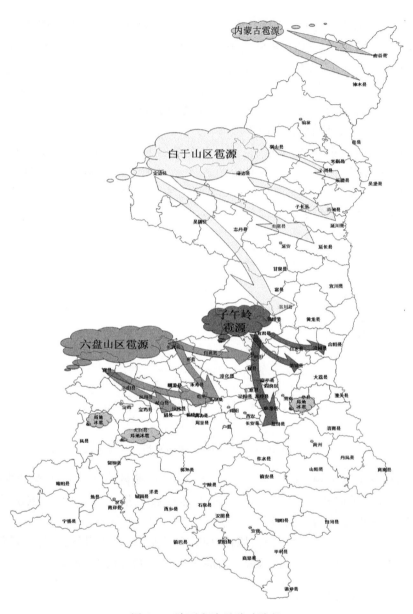

图 1.9　陕西省冰雹移动路径

詹维泰等(1994)多年来的实践经验和观测资料分析结果表明,陕西省冰雹系统活动路径主要有以下 6 条:

(1)定边南部→志丹→安塞→延安→延长

　　　　└→吴旗 → 甘泉 → 富县 → 洛川 → 黄陵

(2)靖边→子长→清涧→延川

(3)横山→子洲→绥德

（4）宜君→铜川→耀州→富平→高陵→临渔→蓝田

　　└→白水 → 澄城 → 合阳

（5）长武→彬县沿径河南下→径阳→三原

　　└→旬邑 → 铜川

（6）陇县→千阳→凤翔→岐山→扶风

　　└→麟游 → 乾县 → 礼泉

此外，神木、府谷降雹主要由内蒙古移来。凤县、太白、秦岭南部有局地生成的冰雹系统。

这些活动路径都与当地的河流走向基本一致，并沿河谷向东南方向移动。

1.2.2.4　山区地貌对降雹的影响

（1）约束作用

雹云逢山口而入，沿谷道而行，谷道分岔处雹云分开减弱，谷道汇合处雹云复合并加强，强烈的雹云可摆脱谷道约束，漫过山峰而移动。

（2）冲台作用

原冷锋如移动的动能大，有利于雹云在山区受地形抬升而加强；雹云移动的动能加强区在气流下坡区，谷道喇叭入口区，天气系统（如低压槽）与山脉组成的喇叭入口区。

（3）热力作用

高原和山脉南坡，易于降雹。秃山裸峰区易降雹，山结合区易降雹，海边山坡易降雹。

（4）背风坡波作用

波谷区雹云减弱，波峰区雹云加强。

强对流的传播是由旧的对流单体的不断消亡，并在其前方不断形成新的对流单体来实现的，而新的对流单体的形成与地形及环境场有密切关系。根据河流的走向可以看出，在西部高原地区低层的冷空气沿河谷下坡后，会产生强的下沉运动。快速移动的冷空气同下游的暖湿空气形成冷锋或干锋，迫使其前部暖湿空气抬升，对流不稳定能量释放，对流发展。

1.2.2.5　冰雹灾害造成的损失

冰雹灾害的发生常常伴有大风，民政部门统计灾害为风雹灾害，没有单独的冰雹灾害统计，表 1.5 为 2007—2017 年陕西省大风冰雹灾情。

表 1.5　2007—2017 年陕西省大风冰雹灾情

年份	人员受灾情况			农作物受灾情况		损失情况	
	受灾人口（万人·次）	因灾死亡人数（人）	紧急转移安置人数（万人·次）	受灾面积（10^3 hm²）	绝收面积（10^3 hm²）	倒塌和严重损坏房屋（间）	直接经济损失（亿元）
2017	117.4	6	0.26	128.1	11.5	970	14.39
2016	198	0	1.1	281.2	37.5	8528	40.0
2015	210.4	3	2.1	253.1	37.6	7176	28.9

年份	人员受灾情况			农作物受灾情况		损失情况	
	受灾人口 （万人·次）	因灾死亡 人数（人）	紧急转移安置 人数（万人·次）	受灾面积 （10^3 hm²）	绝收面积 （10^3 hm²）	倒塌和严重损 坏房屋（间）	直接经济损失 （亿元）
2014	150.8	1	0.1	193.9	32.3	979	20.8
2013	194.3	6	1.6	211.7	41.4	4785	30.2
2012	134.2	10	0.3	147.4	22.5	5002	14.4
2011	219.7	1	0.1	198.1	29.4	2867	25.0
2010	124.3	0	0.4	111.5	13.5	1815	20.6
2009	138.1	3	0.1	129.5	4.6	474	9.0
2008	164.6	4	0.3	129.4	12.8	1728	11.2
2007	160	3	0.7	158.3	38	1900	15.6

1.2.3 温度气候特征

陕西温度的分布，基本上是由南向北、自西向东逐渐降低，全省平均气温 6.5～15.7 ℃（图 1.10）。汉江河谷地区 14.4～15.7 ℃，关中平原 12.1～14.3 ℃，是陕西省热量资源最好的地方，陕北地区 8.2～11.6 ℃，长城沿线地区只有 8.2～9.5 ℃，秦岭和巴山中高山地区气温比较低，为 6.5～8.1 ℃。7 月平均气温最高，全省除高山地区外一般都在 21.2～27.1 ℃。1 月平均气温最低，为 −8.7～4.5 ℃，陕北长城沿线和秦岭高山地区是低温中心，榆林 1954年 12 月 28 日极端最低气温达到 −32.7 ℃，同日华山也出现 −25.3 ℃的最低气温。陕西春、秋季温度升、降快，夏季南北温差小，冬季南北温差大。

1.2.4 干旱气候特征

对陕西威胁较大的气象灾害包括干旱、暴雨、冰雹、大风、连阴雨、寒潮、沙尘暴等几种，其中旱、涝是陕西普遍而重大的气象灾害，而干旱危害严重，范围更大，在几种主要气象灾害对农业生产的总危害中，旱灾占 50%。

干旱灾害是指由于长时间降水偏少，出现空气干燥，土壤缺水，使农作物体内水分发生亏缺，影响正常生长发育，造成农业减产、人畜饮水困难以及生态环境恶化的现象。干旱是大气环流、地形、耕作制度共同作用的产物。干旱的定量特征表现为缺水，由于缺水的影响范围和涉及的对象不同，干旱的类型也不同，如农业干旱、城市干旱及人畜生活缺水等。

农业旱灾评估指标通常指：在春耕春播、盛夏及秋播等农作物的关键期（约一个月），或其他农事季节两个月以上，降水量比常年同期偏少 3～4 成，土壤相对湿度小于 60% 或土壤（含水率）小于 16% 为轻旱；降水量偏少 5～6 成，土壤相对湿度小于 50% 或土壤（含水率）小于 14% 为中旱；降水量偏少 7 成以上，土壤相对湿度小于 40% 或土壤（含水率）小于 12% 为重旱。

图 1.10　陕西省年平均温度(单位:℃)

　　陕西地处中国中部内陆腹地,地域南北狭长,跨越 3 个气候带,耕作制度差异较大,据近 50 年的干旱记录资料分析,陕西历年都有不同程度旱灾发生,即使雨水丰沛的 1958、1964 和 1983 年,也有局地旱灾发生,干旱分布极不均匀。陕西干旱总的特点是,冬、春旱陕北最多,关中次之,陕南较少;夏、秋旱关中最多,陕北次之,陕南较少。从全省干旱发生的频次看,关中干旱频次最多,时段最长,是灾害程度最重的地区;其次是陕北;陕南干旱频次最少,是旱灾程度较轻的地区。

　　陕西冬春季和夏初的干旱,主要是受干冷冬季风的影响,蒙古冷高压以及极地冷气团不断分裂冷空气南下,东亚大低槽的槽线在 120°E 以东的海上,槽后西北气流控制陕西,雨雪稀少,造成干旱发生。夏季干旱主要是西太平洋副热带高压边缘雨带偏离陕西所造成。在"伏天",当西太平洋副热带高压持续控制陕西的某一地区,该地区就会产生严重的伏旱天气。表 1.6 为 2007—2017 年陕西省干旱灾情造成的损失。

表 1.6   2007—2017 年陕西省干旱灾情

年份	受灾人数(万人·次)	受灾面积(10³ hm²)	绝收面积(10³ hm²)	直接经济损失(亿元)
2017	404.9	436.9	64.0	19.5
2016	238.0	240.0	22.5	10.4
2015	272.3	562.3	82.6	22.4
2014	863.1	778.8	99.0	44.7
2013	756.2	876.7	40.0	25.5
2012	430.3	415.1	6.7	12.1
2011	460.7	444.3	32.9	15.3
2010	299.5	346.5	27.6	9.3
2009	1314.9	1226.7	113.8	36.4
2008	209.2	478.6	24.5	15.2
2007	925.0	1540.0	97.0	28.7

第 2 章

人工影响天气科学基础

云是由潮湿空气的上升以及随后的绝热膨胀冷却形成的。而膨胀则是大气压力随高度的上升不断降低的缘故。膨胀冷却的结果是,相对湿度随着高度升高,空气中的水汽达到饱和。进一步的冷却产生了过饱和水汽,而这些过剩的水汽就凝结在大量悬浮于空气中的微小粒子上,这样就形成了由很多小云滴组成的云。小云滴经过较长时间的增长成为大云滴,才能获得足够的下落速度掉出云体,且在云下未饱和空气中没有被完全蒸发,最后落到地面成为降水。

2.1 云凝结核和冰核

邓北胜等(2011)指出,从单一气态中产生液相水滴或固相冰晶的过程,并不是由水汽连续转变而来的,而是先在水汽中产生水滴胚胎或冰晶胚胎,在适宜条件下胚胎长大形成水滴或冰晶。这种生成初始水滴胚胎或冰晶胚胎的水物质相变过程(水汽凝结形成水滴,水滴冻结形成冰晶或水汽凝华形成冰晶)称为核化。核化分成两类,即同质核化和异质核化。

同质核化指单一相态中部分分子组成以聚集方式出现的纯新相胚胎,实际大气条件下同质核化过程几乎不可能发生。

异质核化指有其他物质参与的核化过程,此时外来物质充当着为凝结预先准备好的凝聚物(核),也阻止了很大过饱和度的出现。它们的存在有利于水的新相态产生,并为新相态形成提供基底,悬浮于大气中的某些气溶胶质粒可以作为这种基底,称为大气凝结核。凝结核的存在是大气中发生凝结现象的一个必要条件,而对于大气中过冷却水滴的冻结来说,冰核则起着很重要的作用。因此,凝结核和冰核的研究与成云致雨等物理问题密切关系。

2.1.1 云凝结核

在实际大气中可能达到的过饱和条件下,水汽能在其上凝结成云滴或雾滴的微粒则称为云凝结核(CCN)。云凝结核是大气凝结核中吸湿性较强且尺度较大的一种。按尺度大小可分为埃根核(Aitken,$0.001 \sim 0.1\ \mu m$)、大核($0.1 \sim 1\ \mu m$)和巨核(大于 $1\ \mu m$)。对于云形成起作用的核,主要是部分埃根核和大核。巨核在大气中含量低,但它可形成大的云滴,对降水的产生起重要作用。

由于有云凝结核存在的条件下,水汽凝结所需的过饱和度显著降低,而且凝结核的尺度越大,凝结所需的过饱和度越小。因此云凝结核在成云致雨过程中是必不可少的。

云凝结核由固态物质、液滴或两者的混合物组成,其化学成分较复杂。凝结核通常有两种,一种是亲水性(不溶于水但表面能为水所湿润)物质的大粒子,它不溶于水,但能吸附水汽在其表面形成一层水膜,相当于一个较大的纯水滴,如尘埃和碳酸钙等,其凝结时所需相对湿度都要超过100%,即要达到饱和条件才能凝结生成液滴胚胎;另一种是含有可溶性盐的气溶胶微粒,它能吸收水汽而成为盐溶液滴,属吸湿性核,如源自海洋、土壤和燃煤过程产生的硫酸盐、硝酸盐、氯化钠等,其凝结所需的过饱和度比第一种低得多,一般在相对湿度小于100%时就能起作用。

大气中云凝结核含量的高低因地而异。凝结核浓度随气团性质的不同也不同,在海洋性气团中,其浓度为$10^1 \sim 10^2$个/cm^3,约比大陆性气团低一个量级。在同一地区,凝结核浓度随高度的上升一般很快减少。此外,水汽在不同性质、不同尺度的凝结核上凝结所需的过饱和度差别很大。云凝结核浓度与水汽过饱和度存在密切的关系,水汽过饱和度越大,云凝结核的浓度也越大。这是因为过饱和度增大以后,在原来不能起凝结作用的某些微粒上,水汽也能凝结,这种现象称为凝结核的活化。

云凝结核的主要来源有三种:1)燃烧时排放到空气中的各种无机盐烟尘;2)燃烧过程中或工业生产中排放的硫氧化物和氮氧化物气体及其与大气中其他物质化合而成的可溶性微粒;3)尘土和随海水飞沫进入大气的海盐微粒。一般说来,大气中并不缺乏云凝结核,只要水汽超过饱和状态,就可以形成云(雾)滴。因为云凝结核的浓度,对形成的云滴的大小和浓度有重要作用,所以它对云中的微物理过程有重要影响。

2.1.2 冰核

冰核是能使大气中的过冷水滴在其上冻结,或能使大气中的水汽在其上凝华而成冰晶的悬浮微粒。根据冰晶生长方式的不同,分别称为冻结核和凝华核。纯净的小水滴,甚至在$-40\ ^\circ\text{C}$条件下,仍然不能冻结。大气冰核的存在,可以大幅度提高成冰的温度,使云中成冰的机会增多。

大气冰核主要是不可溶的粒子,有的也包含一部分可溶物。利用电子显微镜可直接辨别出雪晶中有含硅物质的固体核心。实验证明,土壤和砂子的微粒有较高的成冰能力。这说明大气冰核的主要成分是土壤和灰尘,乃至煤烟矿尘。实际上自然界很多岩石、土壤的粒子都能在$-25 \sim -20\ ^\circ\text{C}$起冰核的作用,而其中存在最普遍的就是土壤、灰尘。在燃烧和工业生产过程中,也排出成冰能力较高的微粒,这些微粒形成局地大气中的冰核。此外,也有人提出流星的灰烬可能是大气冰核的另一种来源。

在给定温度下,单位体积空气所含的微粒中能起成冰作用的冰核数目,称为冰核浓度,它随温度的降低而按指数规律增加。在$-20\ ^\circ\text{C}$时,每升空气中约有一个冰核。温度每下降$4\ ^\circ\text{C}$,其浓度约增大10倍。这是因为原来不能起冰核作用的许多微粒,在降温之后也能起冰核作用的缘故。这种现象称为冰核活化。大气中的冰核浓度,不仅有很大的日变化,而且随气团性质不同或地域不同而异。在陆地、海洋以及飞机上做的测量表明,大气冰核浓度随时间和空间有很大的变化。最典型的例子是,任一地点的冰核浓度在几天甚至几周内可以同时保持很低,而后突然上升到很高的值,成千倍的增加并不罕见。

冰核的存在是大气中冰晶生成的重要条件。它影响了大气中冰晶的形成,也影响到降水过程。大气中经常出现过冷云这一事实表明,有效的冰核常常是不足的。实际上人工影响降水方法中很重要的一个技术就是向云中引入人工冰核。

2.2　云、雾生成的条件

水汽形成云雾涉及重要的大气热力学过程及水汽由未饱和达到饱和(严格讲应是过饱和)的过程。而生成云雾通常有两条途径:一是增加空气中的水汽,即增湿;二是降温。其中以降温最为重要。大气中有多种降温过程,如:空气绝热上升运动、辐射冷却和湍流热传导等。其中又以垂直上升运动对云的形成最为重要。一般来说,云主要是靠潮湿空气在上升运动过程中绝热膨胀降温达到饱和而生成的,因此充足的水汽和上升气流是云生成的两个必要条件。

控制云生成的上升运动有大范围辐合抬升、不稳定层结下的对流运动、地形抬升、锋面抬升以及波动、湍流运动等。不同的上升运动形式,往往形成不同的云型。在气旋、低压槽、风速切变线及气旋性弯曲的天气系统里,常有规则的上升气流存在。这种气流具有范围大(水平常延伸几百到千余千米,垂直方向占有大部分或整个对流层)、持续时间长(几到几十小时)的特点。所以虽然它们的垂直速度不算大(仅几厘米/秒到 $20\sim30$ cm/s),也会有较大的向上位移和相应的降温。如果空气湿度足够高,就会有大片云层形成。

在合适的天气条件下,如局地有深厚的不稳定层结,或由地面加热而形成的低层不稳定,若有启动或触发机制造成空气抬升,就容易发展成对流云。其触发机制可以是动力的,也可以是热力的。气流的辐合,锋面或地形对气流的抬升,都属于触发对流的动力原因。暖湿气流被山地抬升,能生成地形云。若大气本身处于不稳定状态,则可触发生成对流云,因而山地及热性质不均匀的下垫面常常是对流云的源地。

在大气边界层中,湍流运动可以使热量、动量和水汽等属性重新分布,使水汽的分布趋于均匀,温度层结趋于中性。若地面水汽比较充足,由湍流向上输送的水汽可在低空逆温层以下累积,从而逐渐达到饱和生成层云。这种过程若发生在近地面层,加上辐射降温,可在地面生成雾。

云雾一旦形成,凝结与并合的微物理过程就开始改变滴谱,并产生降水元。水汽的多少是降水多少的首要条件,也是影响陆地水资源最活跃、最易变、最值得关注的环节之一。在其迁移输送过程中,水汽的含量、运动方向与路线,以及输送强度等随时会发生改变,从而也对沿途的降水产生重大影响。

水汽输送通常用水汽通量和水汽通量散度来描述,分为水平输送和垂直输送两种。前者主要把海洋上的水汽带到陆地,是水汽输送的主要形式。后者由空气的上升运动,把低层的水汽输送到高空,是成云致雨和影响云降水形成和发展过程的重要环节,也是影响当地天气过程和气候的重要原因。水汽输送具有强烈的地区性特点和季节变化,主要集中于对流层的下半部,其中最大输送量出现在近地面层的 $900\sim850$ hPa 高度,由此向上或向下水汽输送量均迅速减小,到 $500\sim400$ hPa 高度处,水汽输送量已很小,以致可以忽略不计。在水汽输送过程中,还同时伴随有动量和热量的转移。

各地的空中水汽含量、水汽来源和垂直运动都是不同的,因而降水量的大小也就有很大的差异。如果某地水汽来源充足,而且造成降水的天气系统(如锋面、台风等)特别活跃,就易于造成较强的连续性降水,因而导致江河水位猛涨或山洪暴发,常常形成洪涝灾害。相反,某地的降水条件不具备,长时间少雨或无雨,就可能形成旱灾。

另外,云降水的形成强烈地受到云中空气运动的影响,即除了要求有充沛的水汽外,还必须具备垂直运动条件可将水汽向上输送,使之成云致雨。空气运动支配着云的尺度、含水量以及持续时间,它不仅影响这些过程的速率,而且还影响云滴所能达到的最大尺度。如果降水已经形成,空气运动又决定着降水的分布、强度和持续时间,并且水的相态和浓度变化引起粒子群的增长和蒸发,它起着热汇和热源的作用,反过来又能强烈地影响空气运动。云滴增长与冻结时潜热的释放,为云提供了额外的浮力,促进并维持云滴的增长,直到由于与周围干空气混合或凝结水的累积而破坏了上升气流,以及由于降水蒸发形成下沉气流为止。

云的宏观特征是指将云作为一个整体来看时所表现出来的特征。一般包括云的外形、空间尺度、生命史等。此外,通常将云中气象场(如温度场和气流场)和含水量分布也归之为宏观特征。

云雾复杂多样的宏观特征,正反映了云雾内部过程的复杂性,并且也反映了云雾出现的天气条件。它对我们了解云的内部过程有很大的帮助,对人工影响天气作业,例如作业对象的选取,云中水分多少的估计,作业的方法等,乃至天气预报工作都有很大用处。因此,认真地掌握这些基本事实是十分重要的。

云的水平范围有很大不同。由几千米到几千千米,依赖于成云过程的水平范围而定。厚度也有很大不同,由几百米至十几千米。云随着空气而移动,但由于云本身不断生消,云的移动速度往往不等于风速。

从天气动力学来说,上升气流越强,降水强度越大。但在具体的云物理过程中,气流强到降水粒子不能下降程度对降水却是不利的。另外,降水也可以在云中形成后在云下蒸发或升华(雨幡、雪幡),不能在地面形成降水。

降水的宏观特征。不同的天气过程、不同的地区和不同的季节,每次降水的降水时间、降水量、降水强度、降水面积等都有很大的变化。一般来讲,一次降水时间是 $10^{-2} \sim 10^{1}$ h;一次降水量是 $10^{-2} \sim 10^{2}$ mm,10 min 降水量是 $10^{-1} \sim 10^{1}$ mm;降水面积是 $10^{0} \sim 10^{6}$ km^{2}。

降水还有两个重要的特点:

1. 对于一次降水,降水量一般大于云中总含水量。这表示水汽不断由云底(侧)输入,液(固)态降水粒子不断形成、不断补充、不断降下,从而维持一场降水。云中液(固)态水存在着有效更新次数,称为云中水分循环次数,常表示为:

$$N = \frac{W_{降水}}{W_{云水}} \tag{2.1}$$

式中,$W_{降水}$ 表示实际降到地面的降水量;$W_{云水}$ 表示云的可降水量。按平均状况来看,以雨层云为主的暖锋云系,N 为 $4 \sim 40$,对积状云(例如我国南方),N 为 $1.5 \sim 12$。可见在暖锋云系内的水分替换非常强烈,而对流云中水汽更新的速度虽然更快一些,但它存在的时间短,侧向混合及云中下沉所造成的水分蒸发强,故总的水分循环次数不一定更多。

2. 对于一次降水,降水量一般小于入云水汽量。这是因为夹卷、湍流作用使云内外水汽发生交换,云边界附近内外空气的混合也会引起云滴的蒸发而消耗大量的水分,此外,雨滴在下落过程中还要蒸发掉一部分。因此,输入云中的水分并不全以降水的形式分离出来。降水效率定义为:

$$\eta = \frac{W_{降水}}{W_{入云}} \tag{2.2}$$

式中,$W_{入云}$ 表示由上升气流输送入云的水汽经凝结(凝华)形成的云中总液(固)态水量。个例计算分析发现,大规模的层状云降水效率往往可超过 70%,而雷雨云却只有 20% 左右。统计的不同降水云体的降水效率如表 2.1 所示。

表 2.1　不同降水云体的降水效率

降水云体	降水效率(%)
孤立的冰雹云	3
雷暴云	19
地形性对流云带	25
飑线对流云带	40
气旋冷锋锋线低空云带	30
气旋冷锋高空云带	70~80
气旋暖锋锋线低空云带	30
气旋暖锋高空云带	70

云、雾是由大量离散的液态或固态粒子所构成的,包括云滴、雨滴、冰雪晶、霰、冰雹等。它们的微观特征主要指粒子的相态结构、尺度及其浓度(或数密度)。云物理学中,常用滴谱来描述不同云粒子的微物理特征,即各种大小云粒子的浓度分布。它是云雾物理性质的一个重要方面。事实上,云中每一个时刻的云滴微结构都是各种宏、微观物理过程综合作用的结果,也是云、雾滴大小进一步发展的依据。

在云、雾降水微物理规律研究中,几乎所有的问题都涉及粒子尺度,所以粒子尺度是一个最基本的参量。描述粒子大小最简单的是用直径(或半径),但除云、雾滴和小雨滴外,其他水凝物粒子都是非球形的,故精确描述粒子的尺度需要考虑粒子的形状,对非球形粒子应使用多维尺度,或使用等效直径,或使用粒子的最大尺度等。

2.2.1　云、雾滴谱

大气中水汽凝结而成的水滴很小。各种云、雾中云、雾滴的大小也有着很大的差别。一般来说,雾滴尺寸较小,在雾形成或消散时期更小,半径可以小于 1 μm。在比较稳定、维持时间较长的地面雾中,雾滴要大一些,平均半径也不到 10 μm。

云滴直径一般小于 100 μm,且多在 50 μm 以下,也有将直径 50~100 μm 的水滴称作大云滴。云滴总浓度一般为 10^1~10^3 个/cm^3,且小云滴浓度大于大云滴的浓度,它们之间浓度差 1~2 个量级。

云滴由于受表面张力作用,通常呈球形。下降速度约 1 cm/s,通常比云中上升的气流速度小得多,因而不能落出云底。即使离开云底而下降,也会在不饱和的空气中迅速蒸发而消失。

只有当云滴通过各种微物理过程集聚和转化成为降水粒子后，才能降落到地面（表 2.2）。

表 2.2　云雨粒子大小和浓度概量

种类	直径（μm）	浓度（个/cm³）
云滴	1～50	10^2
大云滴	50～100	$10^{-1}～10^0$
雨滴	100～6000	$10^{-4}～10^{-3}$

雨滴是直径大于 100 μm 的水滴。它的浓度要比云滴小 6 个量级左右。不同地区、不同云型或同一云型的不同发展阶段，云中水滴的尺度大小和浓度都不同，而且不同尺度水滴的下落速度也不同。

层状云的云滴也只有 5～6 μm，积状云中云滴较大，发展强盛时为 10～20 μm，甚至数十微米。但晴天积云中云滴大小与层状云接近。

与雾滴相似，云滴大小也随着云的发展有很大的变化，例如曾观测到积状云发展时平均云滴半径在 10 min 内由几微米增大到 10 μm 左右的情况。

层状云和积状云的云滴浓度也不相同。在雾和层状云中浓度大一些，平均可以达到 $10^2～10^3$个/cm³。在积云里，云滴浓度要小一些，每立方厘米只有几十或几百个。另外，大陆性云比海洋性云的浓度要高一些。

不同云型的云滴谱差异较大。一般地，积状云比层状云的谱型宽。在同一云型的不同发展阶段及同一块云的不同高度，其谱型和谱宽也都有差别。对流强的浓积云的云滴谱较宽，云滴数浓度较小而尺度较大。

2.2.2　冰、雪晶微观特征

当温度低于 0 ℃时可以形成冰晶。当冰晶与云中过冷水滴共存时，由于冰面饱和水汽压低于同温度下水面饱和水汽压，冰晶会获得优势增长。这个过程是通过水汽扩散并在冰面上的沉积而进行的，亦即后文提到的贝吉龙过程。习惯上常以线性尺度 300 μm 作为冰晶和雪晶的分界线。

冰粒子也可以通过与其他冰晶碰并而长大，即所谓的聚并过程。雪晶聚集体常称为雪花。此外，冰晶也可以通过与过冷水滴的碰冻过程而长大，即所谓的凇附机制。冰晶的凇附过程可生成白色不透明的软雹，又称霰粒或雪丸。由冰晶或冻滴也可凇附生成半透明的冰丸，又称小雹粒，也可以由冻滴或融化的雪晶或雪花再冻结而生成坚实而透明的冰粒。各种粒子的形状及国际上对之分类见图 2.1（邓北胜，2011）。

（1）冰雪晶形状

冰晶的基本形状是对称的六角棱柱状，即有两个基面和六个棱晶面。在通过水汽扩散和凝华机制生长的过程中，由于受环境温、湿度特性的调制，结果会产生图 2.2 各种形状的冰雪晶，如针状、柱状、板状、枝状和不规则形等。

实验研究已表明，在不同的温度、湿度条件下，沿垂直于基面和棱晶面生长的冰晶的生长率不同。在大的冰面过饱和度条件下，随着温度下降，冰雪晶形状经历着板状—柱状—板状—柱状的周期变化。形状转换温度 -4、-9 和 -22 ℃。在较小的冰面过饱和度条件下，形状的周期变化为短柱状—厚板状—短柱状,转换温度为-9 和-22 ℃。在接近和等于冰面饱和时,冰晶形状不再随温度而变化,呈一厚的六角板状,高与直径比为 0.81。

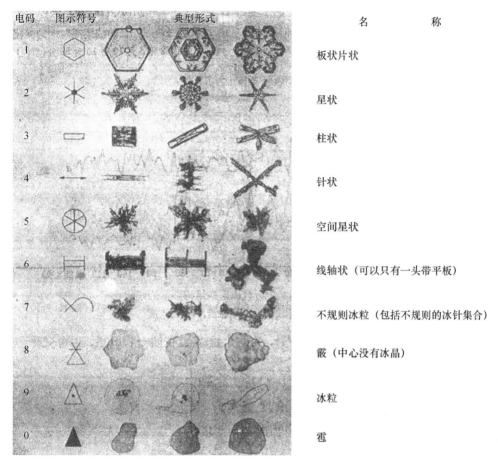

图 2.1　国际固态降水分类

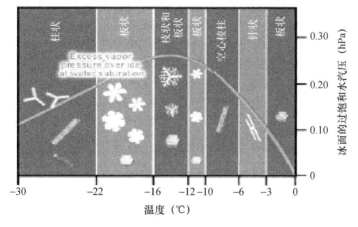

图 2.2　冰雪晶形状随温度和过饱和水汽压的变化(Hallett 等,1958)

既然水汽扩散机制下增长的冰晶形状受制于环境温度、湿度条件,可以想象,如果在某一特定温度、湿度环境下增长的冰晶突然落入新的环境,并在新环境中继续增长,则其新的形状将是在原形状上的叠加,故而可以生成各种不同形状的冰晶。如板柱状等。

(2)冰雪晶的尺度和浓度

由于冰晶是非球形粒子,故在实际测量时人们常用一些特定的尺度来描述,大部分冰晶用两个量来表示其大小,例如,对板状冰雪晶,以直径(D)和厚度(H)来表示;对柱状冰晶,以宽度(D)和长度(L)表示。柱状冰晶的长度和板状冰晶的直径范围在 $10~\mu m$ 和 $1~mm$ 之间,最大可达几毫米。冰晶微结构的特点是有一定的生长框架,含有少量空气,甚至有些冰晶是空心的。因此大部分冰晶的密度小于冰的密度。

观测发现,云中冰晶浓度通常为 $10\sim50$ 个/m^3。云顶温度越低,浓度越大。云中冰晶浓度常大于冰核浓度,在成熟的对流云中,特别是在海洋性积云中,冰晶浓度可以很高,达 10^2 个/m^3。这也许与冰晶的繁生过程有关。

2.2.3　降水粒子微观特征

雨滴在空中降落时,其形状由大小决定。半径小于 $170~\mu m$ 的较小雨滴,在表面张力的作用下呈球形。随着尺度的增大,较大雨滴由于下落速度大,在迎风面受到的动压力大于其他部位上受到的压力。这样雨滴发生变形,就不再是球形了,逐渐变成椭球体和平底椭球体,当半径大于 $3~mm$ 时,甚至会自发破碎。许多因子可以影响降雨的谱型,例如上升气流、云下雨滴的蒸发与碰并等,特别易使小粒子端谱型发生变化。

在一定条件下,雪晶通过碰并可以形成雪花。在这种聚合过程中,气温和冰雪晶形状起主导作用。观测指出,在 $0~℃$ 附近,雪花出现概率最高,尺度也最大。随着温度的下降,在 $-15~℃$ 附近有第二个极大值存在。除温度外,雪花尺度也受冰雪晶形状的影响,例如,枝状冰晶容易聚合,而柱状和针状则较困难。最大雪花直径可达 $15~mm$,但大部分为 $2\sim5~mm$。

冰雹的形状多种多样,有球形、椭球形、锥形、扁圆形和无规则的形状。小冰雹普遍近于球形,大冰雹则往往是非球形。按尺度和结构可将冰雹分成霰(软雹)、冰丸(小雹、冰粒)和冰雹三类。其中,冰雹的密度一般稍小于 $0.9~g/mm^3$,与透明冰相差无几。

降水粒子的浓度要比云滴小得多,一般为 $10^3\sim10^0$ 个/m^3,但尺寸则大得多,半径为 $10^{-2}\sim10^{-1}~cm$。毛毛雨滴小而密,雷阵雨滴则大而稀。

成云致雨要经过一系列复杂的微物理过程(图 2.3,邓北胜,2011)。云滴和冰晶不能由原来的相态(水汽、过冷水滴)连续演变过来,而是首先在母相中生成新相的胚胎,而后这些胚胎在适宜的条件下再长大成新相的粒子。这种产生新相胚胎的过程称为核化。

自然云的形成,主要是异质核化过程(有云凝结核或冰核参与作用),包括异质核化凝结,异质核化凝华和异质核化冻结。自然云中的同质核化只出现在高空 $-40~℃$ 以下的极端低温条件下,小水滴同质核化冻结形成的卷云、卷层云和卷积云。

从云滴转化为雨滴或雪晶要经历复杂的增长过程。云滴和冰晶生成后,只要空气中的水汽含量维持一定程度的过饱和状态(饱和比 $S=e/E>1$,其中,e 为实际水汽压,E 为同温度下的饱和水汽压),它们将通过分子扩散产生凝结或凝华增长。

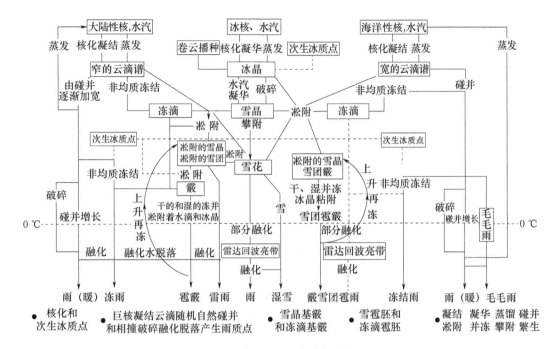

图 2.3　云和降水粒子间复杂的微物理过程

由于自然界云凝结核含量甚多,一旦形成云,云中的平均饱和比仅为 $1.001\sim1.01$,故云滴的凝结增长相当缓慢。但是,在冰晶、水滴共存的云中,由于冰晶表面的饱和水汽压小于同温度下的水面饱和水汽压,故相对于冰晶来说其饱和度较高,且随着温度进一步降低,冰面的过饱和度接近于线性增加。例如,当水面饱和时 $S_w=1$,$-10\ ℃$时相应的冰面的饱和度为 $S_i=1.1$。$-20\ ℃$时 $S_i=1.22$,当温度降至 $-40\ ℃$时,$S_i=1.5$。说明在冰晶和水滴共存的云中,冰晶能通过水汽扩散而迅速凝华增长,如果水汽供应不足,水滴就会蒸发消失,从而使云中共存的过冷却水滴转化为较大的冰晶,甚至可直接形成可降落至地面的雪晶。

冰晶和水滴共存条件下,水面和同温度下冰面的饱和水汽压差的最大值出现在 $-12\ ℃$附近(图 2.4,邓北胜,2011)。但由于相变释放潜热的加热效应,尤其是在高空的云中,空气密度小,加热升温效应比较明显,因此为使冰晶表面的实际温度仍维持在 $-12\ ℃$,必须使环境温度进一步降低,而且气压愈低,为维持最大饱和水汽压差,降温应愈强。这一规律在人工催化增加雨雪的作业中考虑最佳催化温度时具有重要意义。

由于云的生命期有限,云滴尺度谱的凝结增长不易形成大云滴。但是由于云滴尺度不均匀,相互产生相对运动,可能导致云滴之间的碰撞和合并而引起云滴的不连续增长,此即云滴的碰并增长,它是暖云降水的主要形成机制。冷云中冰晶下落与过冷却云滴碰冻产生凇附现象,此即霰形成过程,它在冷云降水中也具有重要作用。冰晶之间的碰连聚集可形成雪花。

一旦进入降水发展阶段,则大水滴的来源主要由云中雨滴的碰并破碎和变形破碎两种途径的破碎繁生机制来提供,它是降水质粒数浓度增长的主要机制。云滴碰并增长成雨滴、雨滴碰并云滴增长和破碎繁生相配合,组成了暖云的降水机制。

冷云降水机制主要通过混合相云中的冰—水转化的贝吉龙过程和冰晶的凇附、聚集增

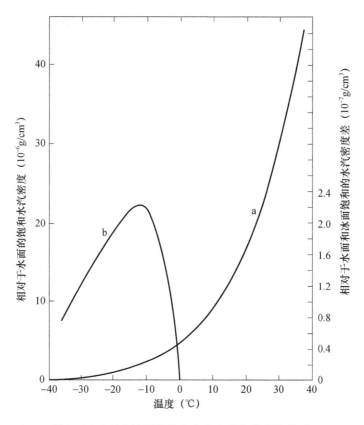

图 2.4　水面和冰面的饱和水汽密度与温度的关系

（a. 相对于水面的饱和水汽密度与温度的关系；b. 相对于水面和冰面的饱和水汽密度差与温度的关系）

长来实现。对云底属暖性的深对流云来说，云滴碰并形成的毛毛雨滴的碰撞冰晶冻结，随后凇附成霰是不同于上述机制的另一种冷云降水机制。

2.2.4　暖云(雨)过程

大气中存在着各种云凝结核，为水汽凝结成云滴提供了条件。湿空气上升膨胀冷却，其中的水汽达到饱和，并在一些吸湿性强的云凝结核上凝结而成初始云滴的凝结核化过程，即常说的暖云(雨)过程。

随着凝结水量的增多，溶液滴的浓度越来越小，所要求的饱和水汽压也越高。但是，随着凝结水量的增多，溶液滴的尺度也随之增大，所要求的饱和水汽压又随尺度增大而降低。因此，不同浓度和不同尺度的溶液滴要求的饱和水汽压值各不相同，当环境水汽压大于相应的临界值时，溶液滴即可继续增长，随着尺度的增大，溶液滴渐趋纯水滴，这时溶液滴的饱和水汽压也转而下降，一个含千亿分之一克食盐的微粒，只要环境的相对湿度略大于 100%，即可成为凝结核而生成云滴。

云中空气上升而膨胀冷却时，水汽不断凝结。在凝结过程中，云滴半径的增长速度与云中水汽的过饱和度成正比，与云滴本身的大小成反比。所以在确定的水汽条件下，云滴凝结增长越来越慢。在 0.05% 的过饱和条件下，一个由质量为十亿分之一克食盐生成的初始云滴,从半径为 $0.75~\mu m$ 开始,增长到 $1~\mu m$ 时需要 $0.15~s$ 的时间,增长到 $10~\mu m$ 时需 30 min,而增长到 $30~\mu m$ 时,就需要 4 h 以上的时间。虽然水汽在少数大吸湿核上凝结之后,可产生大的云滴,但如果要它继续增长到半径为 $100~\mu m$ 的毛毛雨,就需要更长的时间,而积云本身的生命大约只有 1 h,故在上述情况下不可能形成雨滴;在层状云中,气流上升的速度,每秒只有几厘米,当大云滴在不断下落的过程中,还来不及长成雨滴,就会越出云底而蒸发掉。总之,在实际大气中,单靠水汽凝结是不能产生雨滴的。

　　云滴相互接近时,发生碰撞并合而形成更大云滴的现象,称为云滴碰并增长(图 2.5,邓北胜,2011)。在重力场中下降的云滴,半径大的速度较快,可追赶上小云滴而发生碰撞并合,这称为重力碰并。但半径不同的云滴相互接近时,由于小滴会随着被大滴排开的空气流而绕过大滴,所以在大滴下落的路途中,只有一部分小滴能和大滴相碰。相碰的云滴,也只有一部分能够合并,其他则反弹开来。碰并的比例称为碰并系数,其数值由大小云滴的半径所决定,通常都小于 1。半径小于 $20~\mu m$ 的大云滴对小云滴的碰并系数很小。大云滴穿过小云滴组成的云体时,其半径在碰并过程中的增长率与碰并系数、大小云滴的相对速度和小滴的含水量都成正比。大云滴的半径越大,碰并增长得就越快。

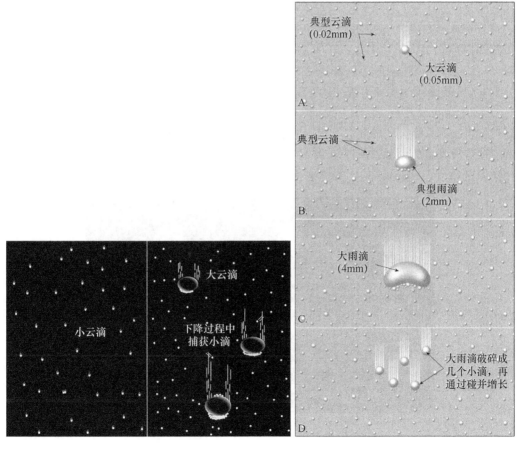

图 2.5　暖云中重要的碰并过程、雨滴破碎

在实际大气中,云滴间的碰撞是一种随机过程。云中一部分大云滴碰并小云滴的机会比平均情况大,所以长得特别快;而其他云滴的碰并速度,则比平均情况慢。由于雨滴的浓度只有大云滴的千分之一左右,所以只需要考虑那些长得最快的少数大云滴长成雨滴的过程。用这样的概念建立起来的随机碰并增长理论所得到的雨滴生成时间,比连续增长的时间大幅度缩短,这与实际情况更加接近。此外,气流的湍流混合作用和云滴在电场作用下的相互吸引,也能使云滴相互接近而发生碰并。一般认为这两种机制,主要是对小云滴的增长起作用。由液态水构成的云体,若有足够的厚度、足够的上升气流速度和液态水含量,其中的大云滴就可以在碰并过程中长大为雨滴。这种过程称为暖云降水过程。

直径大于 6 mm 的雨滴,在下降过程中会严重变形,有时会破碎成若干小雨滴;在大小雨滴相互碰并的过程中,有时也会分离出一些较小的雨滴,这些情况,统称为雨滴的破碎过程(图 2.5)。这种由小雨滴在云中反复经历了上升、增长、下落和再破碎的过程之后,在一定条件下迅速形成大量的雨滴,称为朗缪尔连锁反应。

2.2.5 冷云(雨)过程

在没有冰核(IN)的过冷水中,冰相的生成(水由气态或液态转化为固态)是由水分子自发聚集而向冰状结构转化的过程。聚集在一起的水分子簇,由于分子热运动起伏(脉动)的结果,不断形成和消失。分子簇出现的概率随温度的降低而增大。当分子簇的大小超过某临界值时,就能继续增大而形成初始冰晶胚胎。直径为几微米的纯净水滴,只有在温度低于 $-40\ ℃$ 时才会自发冻结;但当过冷水中存在冰核时,在杂质表面力场的作用下,分子簇更容易形成冰晶胚胎(图 2.6,邓北胜,2011)。自然云中冰晶的生成,主要依赖于冰核的存在。在 $-20\ ℃$ 时,每升空气中约有一个冰核,仅为同体积中云凝结核浓度的几十万分之一。因此云中冰晶的浓度,一般远小于水滴的浓度。

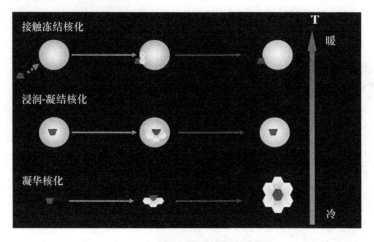

图 2.6 几种主要的成冰核化过程

在同一零下温度时,冰面的饱和水汽压比水面的低,故相对于水面饱和的环境水汽压而言,冰面的水汽压就是过饱和的,所以在温度低于 0 ℃ 的过冷云中,一旦出现冰晶,就可以迅速凝华增长。瑞典学者贝吉龙根据这个道理,于 1933 年提出了降水粒子的生成机制。他认为在低于 0 ℃的云中,有大量的过冷水滴存在,冰晶的出现,就破坏了云中相态结构的稳定状态;云中水汽压处于冰面和水面饱和值之间,水汽在冰面上不断凝华的同时,水滴却不断蒸发;冰晶通过水汽的凝华,可迅速长大而成雪晶。这样,水分从大量的过冷水滴中不断转移到少数冰晶上去,终于形成了降水粒子。这即为冰晶过程,又称"贝吉龙过程",国内也有人将其称为"蒸-凝过程"的,如图 2.7(邓北胜,2011)所示。

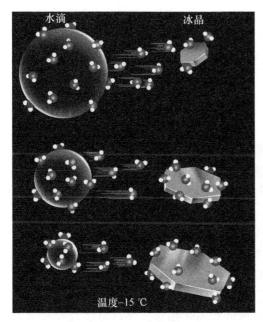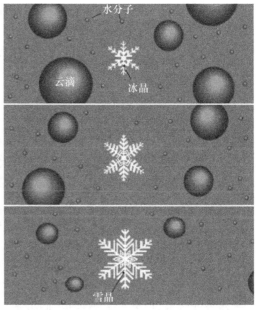

图 2.7 冷云中重要的贝吉龙过程

过冷水滴一方面蒸发,水汽向冰晶转移,使冰晶长大;一方面又和雪晶碰撞而冻结,使雪晶进一步长大。如果参加碰撞而冻结的过冷水滴很多,雪晶就会转化为球状的霰粒。雪晶还可能在运动中相互粘连成雪团而下降。这些固体降水粒子,在落到地面之前未融化者,就是雪霰等固体降水;落到温度高于 0 ℃的暖区时,就会融化成雨滴。冰晶浓度在很多场合下高于环境的冰核浓度,这说明参与冰晶过程的冰晶,不仅从冰核作用过程中生成,而且当霰等固体降水粒子在 −5 ℃左右和直径大于 24 μm 的过冷水滴碰撞冻结时,会产生小的次生冰晶;当松脆的枝状冰晶碎裂时也可能产生一些碎冰粒。这种产生次生冰晶的过程,称为冰晶繁生。

在中纬度地区,形成大范围持续降水的层状云,往往比较深厚,云顶常在 0 ℃层以上;因而云体的上部温度较低,有大量冰核活化,这是产生冰晶的源地。冰晶长大之后降到云体中部,那里有大量的过冷水滴,可通过冰晶过程将水分供给冰晶,使冰晶继续生长。故一般称这种云的上部为播种云,中部为供应云。这种机制称为"播种—供应"机制。在这种过程中长大的雪晶和雪团,落入下部 0 ℃以上的暖云中,就融化成为雨滴。在雷达荧光屏上,常可观测到显示这种融化过程的亮带。

2.3 冰雹的形成条件

2.3.1 冰雹的概念

冰雹是从发展强烈的积雨云中降落到地面坚硬的球状、锥状或形状不规则的固态降水物。其由不透明的雹核和透明的冰层,或有透明的冰层与不透明的冰层相间组成。广义上讲它包括冰雹、冰粒、软雹和霰。按照气象观测规范中的定义(狭义),冰雹专指直径在 5 mm 以上的固态降水物。

2.3.2 冰雹的形状

我国一些气象台站观测到的冰雹,绝大多数尺度小,大部分冰雹直径在 2 cm 以下。根据新疆 138 个台站 2126 次降雹记录统计,最大冰雹直径在 5 mm 以下的占 74.6%,在 2 cm 以下的占 98%;甘肃 90% 的降雹,直径不超过 2 cm。单个质量在 0.1~12.72 g,质量在 13 g 以上的较为少见。

特大冰雹的传说虽然很多,但目前为止,中国有实物照片的只有 750 g,最大围长 44 cm;也有重 850 g,最大尺度 13.8 cm 的冰雹。从欧、美各国报道来看,直径在 10 cm、质量在 500 g 以上的冰雹也不少。1970 年 9 月 3 日在美国堪萨斯东南部观测到一个质量 766 g、围长 44 cm、等效直径为 11.5 cm 的冰雹。

冰雹形状各异,但基本上为球形、圆锥形、椭球形和不规则形。小冰雹多为球形或圆锥形,较大尺度(2 cm 以上)的冰雹中椭球形冰雹较多。

2.3.3 冰雹的结构

冰雹的色彩和光洁度反映了冰雹生长的环境条件。有人指出,0 ℃附近易形成明净冰,温度越低,生长的冰晶密度越小,外观易出现不透明或粒状结构。云中含水率越高,冰晶密度越大,透明度越好,表面光洁度也好,反之,较差。

从冰雹切片中可以清楚辨别出冰雹有一个核心,这个核心称为冰雹胚胎,冰雹总是围绕这个核心而增长的。胚胎基本分为球形、椭球形和圆锥形,也有苹果状、椭球状的双核和多核,但多数冰雹只有一个核。冰雹胚胎基本上由霰或冻结水滴充当,也发现有植物、昆虫残骸或小石块作核心的,冰雹胚胎直径一般为几毫米。

冰雹并非完全由纯水构成,常混有气泡、液态水和其他物质,因而造成密度、透明度和光洁度等方面的差异。从我国观测到的冰雹层次来看,大多数冰雹层次为 3~9 层,甘肃岷县的冰雹最多 10 层,甘肃平凉最多达 16 层(王雨增等,1994)。

2.3.4 冰雹雹谱特征

冰雹粒子像其他降水粒子一样也有谱分布。在某一时段下的冰雹,其浓度 N(即单位体积中的个数)随直径(D)大小的分布就是雹谱,雹谱的形状一般呈单峰型,随着尺度的增大,对应的数密度先增大,之后迅速减少(图 2.8)。冰雹越大,降落到地面的动能越大,造成的灾害越严重,对它的人工干预就越困难。

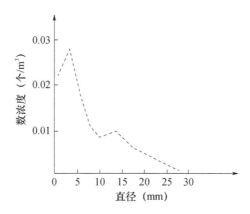

图 2.8　地面冰雹尺度分布(河北万全县)

2.3.5　冰雹形成的条件

冰雹形成的基本物理条件为:具有强的不稳定层结;适中的水汽含量;适宜的 0 ℃和 −20 ℃层高度;有触发机制和强的风垂直切变。

(1)位势不稳定

① 大气不稳定层结

要产生冰雹必须有大于 20 m/s 的上升速度,不是大尺度系统所为,必须完全依靠大气的不稳定能量的释放获得,所以冰雹产生的一个必要条件是大气层结呈相当强的位势不稳定或对流不稳定。

统计表明,强对流出现前,08 时单站探空温、湿度曲线常呈喇叭形,是强对流天气前的一种典型层结结构。即在强的不稳定层结下,边界层之上有一适当的阻挡层(等温、逆温或温度递减率很小的气层)相配合。阻挡层之上为条件不稳定,而其下层为接近饱和的稳定层。这样的层结,边界层有利于增温、增湿,抑制低层对流的发展,使潜在的不稳定能量不至于过早释放。当有触发机制时,低层积累的不稳定能量突破阻挡层,有强的对流发展。

常用表示大气稳定的指标有沙氏指数(SI)和 K 指数。

沙氏指数(SI)是指小空气块由 850 hPa 干绝热地上升到抬升凝结高度(LCL),然后再按湿绝热线上升到 500 hPa,在 500 hPa 上的大气实际温度(T_{500})与该上升气块到达 500 hPa 温度(T')的差值,即 $SI = T_{500} - T'$。如果气块温度(T')小于环境温度(T_{500}),则 $SI > 0$ 表示气层较稳定;反之,$SI < 0$ 表示气层不稳定,负值越大,气层越不稳定。沙氏指数(SI)是表示大气层结不稳定的指标。在冰雹发生当日 08 时,一般 $SI \leqslant -2$ ℃。经验证明,在 08 时 SI 最大负值中心的下风 1~4 个经距内最易发生降雹。

K 指数是反映中、低层稳定度和湿度条件的综合指标,它的计算公式为:$K = [T_{850} -$

$T_{500}]+T_{d_{850}}-[T-T_d]_{700}$，其中第 1 项为 850 hPa 与 500 hPa 的温度差，代表温度递减率，第 2 项为 850 hPa 的露点，表示低层水汽条件，第 3 项为 700 hPa 的温度露点差，反映中层饱和程度和湿层厚度。一般 K 值愈大，愈有利降水发生。

② 有利于大气层结不稳定发展的条件

午后的晴朗天空，上干下湿的水汽分布，是位势不稳定发展的重要因素。上干下湿时，整层抬升后水汽的蒸发潜热释放就会变得更不稳定。

冷暖平流的作用。低层暖湿平流的发展和中、高层冷平流的侵入，使大气层结急剧向不稳定发展。

启动能量的大小。在一定条件下气块做上升运动，必须由外力给一定量级的启动能。启动能量的大小与自由对流高度有关，自由对流高度低，需要的能量小，反之则大。

（2）不稳定能量

不稳定能量积累的条件主要有 2 个：一是地形聚能作用，在高原或高大山脉背风坡的喇叭口谷地，盛行气流弱，午后谷风向山区或高原辐合，暖湿空气易于在这些地区集中，致使高原东侧边坡某些特殊地形区常出现一些准定常的次天气尺度和中尺度系统。二是较大范围内一定厚度的逆温层，抑制了低层对流的发展，使热量和水汽积累在逆温层下，陕西绝大多数冷气团雹暴逆温层接近地面，随着地面气温的升高，逆温层将自动破坏，而释放不稳定能量造成午后降雹。

不稳定能量的释放即能量转换需要一定的触发条件，现有的研究认为中高层冷平流、中尺度系统，尤其是地形强迫产生的中尺度系统都对雹暴的触发有一定的触发作用。

（3）不均匀的上升气流是冰雹发展的重要因素

冰雹的大小不仅与上升气流的大小有关，而且与上升气流的强、弱变化有关。上升气流愈不均匀，对冰雹的增长愈有利。以 500～400 hPa 的上升气流作用最强。

① 低层的上升气流

地形、地表的不均匀加热常造成边界层不稳定能量的释放，产生局地的弱对流。当 700 hPa 和 850 hPa 有切变和辐合存在时，便构成了较强的触发机制。

② 中层的上升气流

中层与 500 hPa 急流、"强风核"（不小于 12 m/s 的强风速）、冷涡、短波槽、斜压锋等相联系的天气尺度上升气流，随系统快速移入低层上升气流，增强了低层的辐合扰动，使上升气流进一步加强，是构成触发强的不稳定能量释放的主要动力。

③高空的上升气流

高空 300 hPa 急流和正涡度平流相联系的上升运动，它的抽气和散热作用是构成上升气流和产生冰雹的一个不可缺少的条件，但对雷暴产生的区域和时间无明显的指示性。

（4）对 0 ℃和-20 ℃层的高度要求

当 0 ℃层在 3～5 km 高度区域内多有利于雹暴产生，0 ℃层的高度恰好位于上升气流最强的高度以上 200～300 m 最有利于冰雹的形成。在陕西关中，0 ℃层的高度，6 月平均为 4491 m，7 月为 5059 m，8 月为 4951 m。

-20 ℃层高度以上的低温区（自然成雹区）是形成冰雹的重要条件。-20 ℃层的高度平均在 480 hPa 的高度上。

(5)水汽条件

雹云的发展和冰雹形成要有适当的水汽含量和水汽相对集中区。冰雹常发生在低空(700 hPa 以下)的湿舌附近,此时低空往往有一支不小于 14 m/s 的偏南风和辐合区。它们一方面提供水汽,另一方面又加大了上下层之间的对流性不稳定,暖湿空气的上升,特别是低空的扰动,又为强对流发展提供了动力条件。

陕西降雹天气发生时中层(700~400 hPa)平均相对湿度为 35%~70%,850 hPa 上温度露点差(T-T_d)多在 4~7 ℃的区域内。

(6)风垂直切变

适当的水平风垂直切变是雹暴发展加强的重要条件,水平风垂直切变主要有下列作用:

① 高空风急流轴附近存在强的风速垂直切变,可引起动力湍流,使垂直速度加强,为对流云的发展提供一定的动能,它提供的能量不仅可以弥补高层热力层结稳定的缺陷,而且能助长对流云冲破对流层顶,向高层发展。

② 对流层中下部的风垂直切变不仅有利于建立不稳定层结,还可以促进对流的组织化,使得云体维持较长时间。在切变环境中它使上升气流不小于 5 m/s 的强风,垂直切变出现在 5~6 km 和 8~12 km 高度之间的对流中,发生降雹的次数较多。

③ 风垂直切变,尤其是风向随高度偏转可加强云内上升气流,并产生水平涡度。

降雹前高、中、低三层强切变分别与高、中、低空急流相联系:高空急流对雹暴的作用主要是抽风效应和高空辐散,使雹云内外气流畅通,加强雹云前部的上升气流;中空强风带的作用常常与中层冷空气爆发相关联,促使层结趋于不稳定,同时加强中层风的垂直切变;低空急流的作用主要是输送热量和水汽,在强风中心前方低空出现辐合上升和水汽汇,从而为雹云发展提供高能入流空气。

2.3.6　冰雹云的结构特征

雹云过境时,气象要素发生急剧变化,气压跃升、温度急降、湿度猛增,地面单站风会发生显著变化。中尺度分析表明,降雹区在降雹前局地是一个辐合风场,有强的上升气流,对流单体的后部有强的下沉气流(图 2.9,黄美元等,1999)。

2.3.7　冰雹云形成演变过程

根据成雹过程的外场探测研究,冰雹在云中的增长过程一般可划分为五个阶段:

(1)发生、发展阶段。此阶段出现在云的边界正在更新或上升气流开始形成区域,云体缓慢增长,均处于较高温度区(-20 ℃以上),在雷达上回波强度为 10~30 dBz。

(2)冰雹增长阶段(雷达回波上的跃增阶段)。云体高度,雷电强度发生明显变化,云顶高度明显增长,跃入-20 ℃以上区域,云体高度到达冰雹形成的有利高度,雷达回波强度为 30~45 dBz。对流云体的合并,会造成强度的跃增。

(3)成熟阶段(孕育阶段),云体经过跃增阶段后,进入成熟阶段,云内各参数变化不大,如云中含水量、流场比较稳定,有利于冰雹增长,雷达回波强度 45 dBz 高度越过 0 ℃层以上2.9 km。

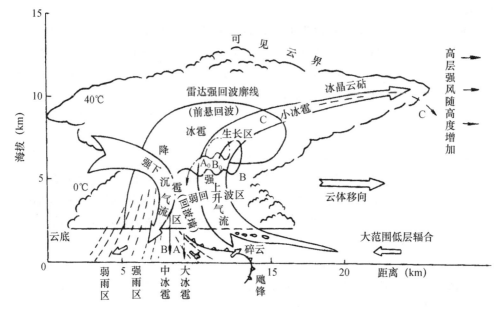

图 2.9　冰雹云结构

(4)降雹阶段。从地面出现降雹一直到停止降雹为止,这个阶段云体明显削弱,回波顶高、回波强度和闪电频率显著下降。

(5)消亡阶段。从降雹停止到云体消亡,降雹、降雨及其拖带作用,大量消耗了不稳定能量是云体崩溃的重要因素。

上述五个阶段,基本适用于弱单体、超级单体、多单体等雹云。数值模拟结果表明,部分雹云的形成阶段(成熟阶段)存在累积带,累积带平均维持时间为 7 min 左右,厚度为 1~2 km,雹胚大部分以冻滴为主,雹胚产生于累积带,靠碰并累积区中的过冷雨水迅速增长,冰雹形成后主要靠碰并过冷云水增长,累积带存在时有较大的上升气流和过冷雨水含量,是冰雹形成和增长的有利条件,但雹云整个生命期中存在较大的上升气流,对冰雹的形成和增长也具有一定作用。

2.4　人工影响天气的基本原理

大气科学研究的目的不仅是要认识和掌握大气运动的规律,其最终的目的是要运用这些规律造福于人类,人工影响天气是实现这一目的的重要途径,它同经济发展、社会进步、国家安全和人民生活息息相关。它是指在适当的天气条件下,选择适当的时机,通过使用飞机、火箭、高炮等运载工具,向降水云中适当的部位播撒催化剂实施人工干预,使天气过程发生符合人类愿望,达到增加降水、减少冰雹等目的的。

自然过程所涉及的能量是十分巨大的。人类要改变自然过程,不能靠硬拼能量,最现实的方法是根据自然过程的规律,找到影响自然过程发展和转折的关键点,使用相对较小的人为扰动和能量,来改变自然过程的进程。

人工影响天气的物理方式按其影响降水过程的不同分为两类：一类是通过人工方法影响云中的微物理过程以提高降水效率，达到增加降水的目的；另一类是通过人工方法影响云中的动力学过程，以增大云中的上升气流，提高云中水分凝结率，从而达到较明显地增加降水的目的。

归根结底，人工影响天气作业就是影响自然界云雾降水过程的某些临界状态。在这些临界状态下影响触发机制，致使云中某些微小的变化引起云雾降水过程的相当大的改变。

20 世纪 40 年代初，美国科学家谢弗在朗缪尔的指导下从事过冷水滴的冻结研究（图 2.10）。1946 年 7 月 12 日，谢弗为了使云室进一步降温，把一大团干冰（固态二氧化碳）投入充满过冷水滴的云室中，立即在云室内形成了浓密的小冰晶云。这一偶然事例促使谢弗发现干冰作为制冷剂可以造成 $-40\ ℃$ 以下的低温，促使直接形成大量冰晶。

同年 11 月 13 日谢弗乘单翼飞机对马萨诸塞州（Massachusetts）西部格雷洛克（Greylock）山上空的一块过冷层云上部撒播了 3 磅* 干冰，实施了人类首次对过冷云的科学催化试验（图 2.11）。朗缪尔在地面观测到播撒干冰后 5 min 内，几乎整个云都转化成冰晶云，并形成雪幡在降落约 600 m 后升华消失。

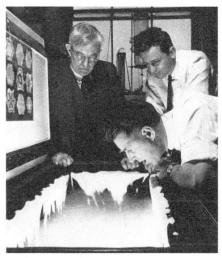

图 2.10　谢弗（前）和朗缪尔（后左）、冯内古特（后右）在通用电气公司的实验室里观测人工造雪实验结果

图 2.11　早期播云试验和朗缪尔在野外观测

---

*　1 磅＝0.454 kg。

几乎与此同时,冯内古特作为通用电气公司实验室研究组成员,正从事成核过程的研究项目,受谢弗发现干冰成冰作用的启示,开始关注冰的成核过程。当他了解到冰晶可在具有与其类似的晶体结构的物质上核化附生接长之后,查阅 X 光晶体手册,寻找晶体结构与干冰相近又不溶于水的物质,几经周折于 1946 年 11 月 14 日发现纯度较高的碘化银(AgI)作为成冰异质核的突出效应,可在过冷水滴云中产生大量冰晶。其后,冯内古特还在碘化银烟剂发生法研究方面做了先导探索。

图 2.12　经干冰催化后 37 min 云街照片。拍摄时间:1948 年 11 月 24 日;
拍摄地点:美国纽约州 Utica 市;拍摄高度:5374 m(摘自 Langmuir,1961)

谢弗和冯内古特的伟大发现开创了人工影响天气的新时代。20 世纪 40—50 年代,大量的科学试验和研究结果验证了人工影响天气理论的有效性(图 2.12 干冰催化后观测出现"云街"),为理论向实践的过渡打下了良好的基础。

20 世纪 60—80 年代,美国、澳大利亚、以色列等国开展多项人工增雨科学试验,并且多数试验采用了随机化播撒的方案,大大增加了人工增雨效果评估的科学性。

世界上一些国家和地区通过对层状云、地形云和积雨云的人工增雨原理和作业技术的大量、长期的科学研究,在确定人工增雨作业条件和效果的基础上,加强了人工增雨的综合监测和作业网建设,已将人工增雨作为抗旱减灾和水资源综合利用的重要业务,并长期坚持。

美国和苏联等国通过对冰雹云结构和发展规律的飞机和雷达观测试验,提出了冰雹云形成和人工防雹的概念模型,苏联还建立了有坚实科学基础的人工防雹作业业务系统。

目前,世界上有几十个国家实施着一百多个人工影响天气计划,很多国家都将人工影响天气作为一项防灾、减灾措施广泛研究和实施,并作为业务性计划长期持续地进行,取得了良好的经济效益。中国自 1958 年在吉林省开展飞机人工增雨试验以来,为满足农业抗旱、缓解水资源短缺等社会需求和一些特殊的服务需要,全国各地陆续开展了人工增雨抗旱、防雹减灾等工作。现今,中国人工影响天气作业规模已跃居世界前列。

2.4.1　人工增雨原理

人工增雨是采用人为的办法对空中可能下雨或者正在下雨的云层施加影响,开发云中潜在的降水资源,使降水量增加。有人把云中的水比喻为一座空中水库,闸门开启得小,流出的水量就少,人工增雨就是向云中播撒适当的催化剂,使"水库"的闸门开大一点,以便让水多流出来一些,从而提高云的降水效率。

实际上,要使云中含水量转化成为降水,关键是要促使云粒子长大。云粒子只有长得足够大,才能降落到地面成为降水。要使降水粒子长大,主要是通过重力碰并过程,而为了启动和加速重力碰并,就要有足够的初始大云滴(直径在 $20 \sim 50 \ \mu m$ 以上)。因此,在不降水或降水效率不高的云中,设法增加这样的大云滴就成为人工增雨的关键。可以通过人工播撒吸湿性核产生这种大滴(主要是暖云),也可以通过播撒冰核通过贝吉龙过程形成这种云滴(冷云)。

此外,云中的水汽变成水或冰时伴随着巨大的能量转换。通过人工影响,可利用这些释放的潜热加大云中的上升运动和云中水汽的凝结量,达到人工增雨的目的。

根据作业对象云体的性质和催化方法,人工增雨可分冷云增雨和暖云增雨。另外,冷云人工增雨又存在静力催化和动力催化两种播云效应。

2.4.1.1　冷云催化和暖云催化

(1)冷云催化

冷云增水作业的基本原理是在云中增加冰核数量,其迅速消耗云中过冷水而增长为降水胚胎。一般使用成冰剂(AgI 复合剂)和制冷剂(干冰、液氮),成冰剂必须在低于其成冰阈温的云层中使用。

冷云中的冰晶化过程是发动降水的关键。云体过冷却部分是否缺少冰晶,云中过冷水含量的多少,可作为云中降水转化过程强弱的主要指标。同时在选择作业对象时,还应考虑云中是否具备冰晶繁生的条件。基于云的自然降水率不高,云水偏多,云冰偏少,两者不能维持平衡。此时若引入适当浓度的人工冰核或直接注入制冷剂以触发匀质核化生成冰晶,可望加速冰晶化过程,使降水效率提高,改变成雨过程的时间进程或改变地面降水分布,但当催化剂量较少时,这类催化作用并不影响云及其与环境的动力过程,也不会改变云内外环流特征,常称之为静力催化(图 2.13,邓北胜,2011)。

通过对云的监测和数值模拟试验表明,不同云降水过程的冰晶和过冷水含量、云中上升运动以及播云条件等差异很大,催化结果有很大不同。

(2)暖云催化

暖云降水的形成过程是云内具有足够的较大水滴,然后这些较大水滴靠重力碰并过程而迅速长大为雨滴。因此,在因为缺乏大水滴而不能降水或降水强度不大的云内,通过拓宽云(雨)滴谱,即人工地引进更多的大水滴或可以产生大水滴的吸湿性物质,就可以引发降水或增大降水的强度。

近年来采用吸湿性焰剂在云底附近上升气流区播撒大的人工凝结核(图 2.14,邓北胜,2011),可使云滴数变少,容易产生雨滴,从而促进和加大地面降雨。

国际上近年来又重新关注起用吸湿性化学物质催化暖、冷云以促进暖雨过程(凝结/碰并/分裂机制)从而达到增雨的技术。促进暖雨过程主要有两种方法进行验证。第一种方法是利用微小颗粒(平均直径为 $0.5 \sim 1.0 \ \mu m$ 的人工云凝结核)进行催化,通过改变云底初始

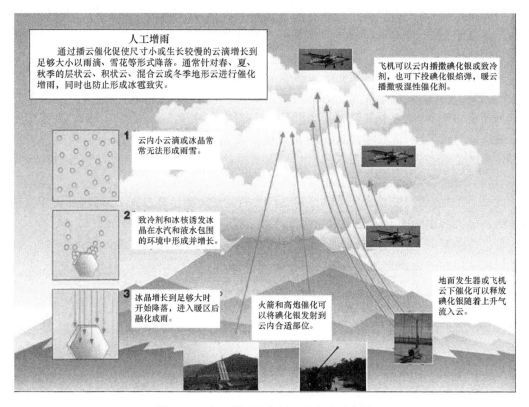

图 2.13 人工增雨基本原理和方法示意图

云滴谱来激发凝结—碰并过程从而加速降水的发生;第二种方法是用较大的吸湿性颗粒(直径大于 10 μm 的人工降水胚粒)进行催化,通过激发碰并过程加速降水的生成。

2.4.1.2 静力催化和动力催化

在过冷云(温度低于 0 ℃)中,或在云的过冷部位,如果因为缺乏冰晶而不能降水或降水强度较小,可以通过人工增加云内冰晶浓度利用静力和动力效应引发降水或增大其降水强度。

引晶催化原理着眼于影响云的微物理过程,可称之为静力催化或催化的(静力)微物理响应。通过播云释放潜热影响云及其环境的热力、动力过程,以增加云中的温度、上升速度,增大云的发展高度、云的截面积、云中成雨体积和降水持续时间,甚至促进云体合并,主要表现为提高云中

图 2.14 暖云增雨飞机在云下播撒示意图

水汽的凝结率和持续供应时段,从而可较大地提高增加降水的比率,这称为动力催化或催化的动力效应。实际催化中,这两种效应总是同时出现的,其强度同云的特征和催化剂量有关。

（1）静力催化

冷云降水是由冰晶发动并通过"冰—水"转化的贝吉隆过程及随后的凇附或碰并过程完成的,有些云降水效率不高或根本无降水是因为自然云中缺乏足够的冰晶,通过播撒干冰或碘化银的人工引晶技术可弥补冷云中自然冰晶不足,促使降水过程得以有效发动,而达到增雨目的。

（2）动力催化

在孤立积云的过冷却部位大量播撒冷云催化剂,使过冷云水迅速冰晶化,并释放冻结潜热,增大云的浮力,空气加速上升,云体增高变大,生命期更持久,从而预期会降更多的雨(图2.15,邓北胜,2011)。对积云群体实施过量播撒,促使云体合并,有可能大幅度增加区域雨量。另外,动力催化后的云在强化降雨的同时,也增强降水引起的下沉冷湿气流,激发新的对流单体,从而延长云降水系统的生命期,增加总降水量。同样地,对于层状云大量引晶,可使更多水汽凝华成冰晶,释放凝华潜热,增加云内温度和局地上升气流,从而增加降水。

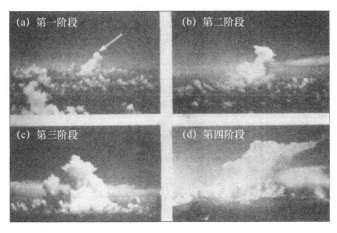

图 2.15　动力催化
（a. 箭头所选为催化对象;b. 催化后 9 min,微弱增长;
c. 催化后 19 min,增长较强;d. 催化后 38 min,积云整体发展）

2.4.2　人工防雹原理

所谓人工防雹,是采用人为的办法对一个地区上空可能产生冰雹的云体施加影响,使云中的冰雹胚胎不能发展成冰雹,或者使小冰粒在变成大的冰雹之前就降落到地面。

冰雹云常常是发展很旺盛的对流云。产生冰雹的主要条件是:云中要有上下强烈运动的气流,并且蕴含大量水分。只有这样,云中小的冰雹胚胎才有发展成冰雹的足够水分供应,才有充分的机会捕捉云中水分使自身不断增大。人工防雹的原理就是设法减少或切断给小雹胚的水分供应(图2.16,邓北胜,2011)。所采用的方法从物理概念上可综合为:1)"利益竞争",即向正在发展的雹云中播撒人工冰核,通过冰晶核化作用和凝华、碰冻增长,迅速形成毫米尺度的人工雹胚,并与自然雹胚争食云中有限的过冷水,抑制较大冰雹的形成;2)"预熟降水",即人工干预促进雹胚形成区,提前产生降水,大量消耗可能参与冰雹生长过程的过冷水。另外,还有通过播撒吸湿剂设法降低冰雹生长轨迹、采用爆炸等方式在云内引发动力干扰等影响途径,来达到抑制冰雹生长和减少降雹的目的。

基于"利益竞争"概念的防雹作业与人工增雨的方法类似。只是要达到防御冰雹的效果一般需要向云中播撒足够量的催化剂,以产生大量冰晶,迅速形成更多的人工雹胚,造成同自然雹胚竞争水分的优势,从而抑制雹块的增长。

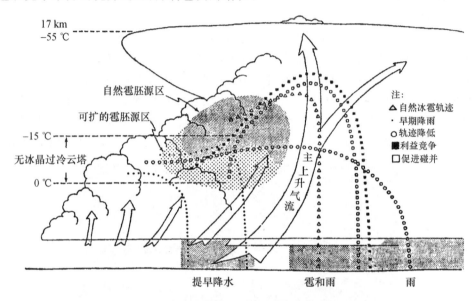

图 2.16 冰雹形成、增长及人工防雹基本原理示意图

通常,人工防雹是用高炮或火箭将装有碘化银的弹头发射到冰雹云的适当部位,以喷焰或爆炸的方式播撒碘化银,或用飞机在云层下部播撒碘化银焰剂。

中国一直采用爆炸方法防雹,20世纪70年代以后才逐步建立和发展了以"三七"高炮及内装碘化银的焰弹为主的防雹工具。国际上也有采用爆炸法防雹的,如意大利、法国、瑞士、奥地利和肯尼亚等,也取得了一定效果。爆炸方法防雹作业中曾观测到很多与云和降水有关的现象,如未下雨的云,炮击后几分钟即下一阵雨,已下雨的云,炮击后雨滴加大变密;炮击后云转向、云消散,有的是云顶消散,云顶与云体脱离,或云的上部与下部交接处明显变细;炮击后下软雹,冰雹变得松软;炮击后雷声与闪电减弱等。

2.4.3 人工消雾原理

人工消雾,主要按雾中温度低于0 ℃或高于0 ℃将其分为冷雾和暖雾,以采取相应的作业技术方法。

(1)人工消冷雾

人工消冷雾(图2.17,邓北胜,2011)是向雾中播撒适当物质使之产生大量冰晶,冰晶与水汽和水滴共存时,由于冰面饱和水汽压小于水面饱和水汽压,雾中的水汽便会迅速凝华到冰晶上,冰晶的增长抑制了水滴的增长,并促使水滴不断蒸发,数量减少,从而达到减少和清除大气中雾滴的效果。可产生冰晶的物质有制冷剂(液氮、丙烷和干冰等)、人工冰核(碘化银等)和通过膨胀降温产生冰晶的压缩空气。从技术上讲,人工消冷雾较为成熟。

（2）人工消暖雾

人工消暖雾技术尚未投入业务,还处于进一步试验研究之中,近年来也取得了一些重要进展。试验常采用的方法有:播撒氯化钙等吸湿性核在雾中培植大水滴,拓宽雾滴谱,诱发碰并过程,造成雾滴的减少和沉降,使雾消散;加热方法,增加局部区域温度,使雾滴蒸发而消散;用喷气发动机产生热气,靠热动力扰动气流,使雾蒸发消散(图 2.18,邓北胜,2011);采用直升机破坏雾层顶部的逆温层,使逆温层上的干热空气下沉到雾层而引起蒸发消散。

图 2.17　播撒液氮消冷雾试验

图 2.18　2009 年国庆气象保障期间空军改装的涡喷消雾车

此外,也有采用静电方法试验消除暖雾的,即在强电场的作用下促使雾滴向同一方向运动,再通过过滤网使雾滴沉降。外场试验中该方法也取得了较好的效果。2001 年 4—5 月俄罗斯中央高空观象台利用静电消雾装置在高速公路上进行了外场实验,结果达到了预期目标(提高能见度到 300 m)。利用热力—动力方法的作业装置已经研制成功,通过数值模拟和云室试验,认为该方法较静电方法更好,可在几分钟内打开通道,若在机场安装 20 个装置,一年内就可收回成本。

2.4.4　人工抑制雷电

人工增雨、人工防雹、人工消雾在中外已有许多成功的实例,一些地方已投入业务性作业,收到了明显的效果。除此之外,作为人工影响天气科学技术领域现阶段的组成部分,还有一些人工影响天气的途径和方法也在试验和试用中,并不乏成功的实例。如人工引发雷电在美国、法国、日本和中国开始试验研究;俄罗斯和中国开展的人工调节降水时空分布、人工消云减雨试验也有不少实例报道。但总的来说,这些技术仍不成熟,都处于研究试验阶段。

频繁产生的雷电经常给人类带来巨大的危害和损失。因此,科学家们想方设法利用各种技术来进行人工引雷或消雷的试验。

研究表明,云中的起电过程与云中冰晶的出现有关,如果能在雷雨云形成之初就向云中播撒大量的人造冰核(如碘化银),使得云中的过冷水滴提前冻结成冰晶,并从云中掉下来,就有可能在雷雨云成熟之前使之消散,从而减少雷电的发生。

另外,在雷雨尚未发展到成熟阶段之前,利用高射炮和火箭等把大量的金属粉或包着铝箔的尼龙纤维(长约 10 cm)发射到云中,这些导电性良好的物体进入云中后,可以大幅度改善云的导电性能,起到分散云中电荷的作用,云中不能形成电荷中心,也就减少了产生雷电的可能性。总之,人工抑制雷电的试验次数还不多,效果也不很显著,仍处在探索阶段。

2.4.5　人工防霜

为了防止低温霜害对经济作物造成的损失,在中国农村采用烟雾方法防霜较为普遍。烟雾法成本较低,其主要是通过烟雾升温的热效应来达到增温效果,减弱夜间冷却的程度。一般地说只对轻霜冻适合。

国际上则试验(试用)了加热法、送风法、喷水法、泡沫法等许多不同的防霜技术方法,目的是减少地表辐射冷却和有效辐射,加强近地层大气湍流的混合扰动,来达到提高近地层气温、防止热损失。

2.4.6　人工消减雨试验

在重大节日庆典活动中,人们要求消除局地小范围的降雨。20 世纪 50 年代苏联采用过量播撒的方法,以干冰为催化剂进行了大量外场试验,获得了一些可行的技术指标和方法。对流云抑制的研究始于 60 年代初一次观测试验中的偶然发现,此后从理论和试验做了大量研究。到 80 年代中,苏联总结出了一些人工减雨或抑制对流云发展的技术方法和手段,主要通过以下途径:

(1)提前降水

在目标区上游提前实施增雨作业,减少目标区降雨。作业前需对云系进行跟踪观测,确定提前作业的时间、距离和剂量,一般应提前 1 h 以上。作为这项技术的正式使用,始于 1986 年切尔诺贝利核电站事故,为防止核污染的进一步扩散做出了重要贡献。目前俄罗斯人工减雨和抑制对流云作业主要应用于重大社会活动天气保障,减少冬季城镇降雪、核电站污染控制等,并已成为政府及公共部门常用的一项措施,也是俄罗斯联邦紧急状态部的常备措施。

(2)过量播撒

使层状云消散或降水滞后。播撒剂量取决于云中湿度、云厚和环境风等,一般 5 min 后起作用,20～30 min 后消散。对较强的降水云系,用这种方法可有效减弱或使降水滞后,一般需在云到达目标区前 0.5～1 h 开始作业。

(3)加强云中下沉气流

在对流云云顶大量抛撒吸湿性粗粒子粉剂(如水泥)产生下沉气流,破坏云的平衡机制,使干空气进入云中,水滴蒸发,吸湿性物质将蒸发的水汽吸附,加快下沉速度,同时粒子的碰并增长也会使气团的下沉运动得到加强,从而达到抑制对流云发展和减少降水的目的。

(4)西安人工消减雨作业方案思路

陕西关中地区云系移动平均速度为 36.0 km/h,进行反推计算,根据影响西安降雨的云系移动方向统计,西南方向占 71%,西北方向占 18%,西南、西北降雨集中在西南、西北的 225°～315°,占整个降雨量的 89%,从北向南,由东向西影响西安的降雨占 11%,且出现在 8 月副热带高压影响的时段,因此西安地区人工消雨作业应以 220°～320° 的扇形展开布点,并以此计算长度。根据计算,第三道防线的长度设为 60 km;第二道防线的长度设为 80 km;第一道防线的长度设为 140 km(图 2.19)。

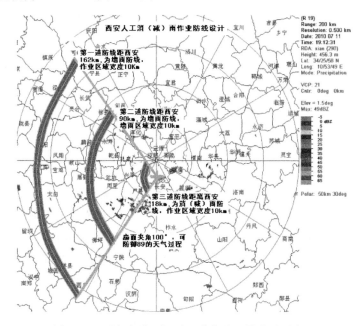

图 2.19　西安市消(减)雨三道作业区域设计示意图

上述人工影响天气的一些基本原理用到实际工作中,还有许多技术问题需要解决,其根本原因在于自然界情况的复杂性。每一个地方、不同的云的情况都不一样。更困难的是很难对每一块云都了解得十分清楚。因此,应该怎样去影响云,应该在什么时候、在什么部位施加多大的影响,会得到什么结果等这一系列问题都需要进行深入地研究。

要依靠科学技术,对云和降水有更清楚的了解,提供更强的催化作业手段,并要对作业的后果有更清晰的认识和把握。为进行更有效的人工影响天气作业,首先必须对作为作业对象的云和降水有更进一步的认识。这里的认识包括两层意思。一是对云和降水的总体,对它的形成、发展的规律有更深入的了解。现在有关人工影响天气作业的基本思路就是基于这种认识,但这种认识还不能说是已经十分完善了。新的现象和新的事实的发现完全有可能启发人们提出新的、更有效的作业方式。二是对具体要作业的天气和云系要有更进一步的认识。因为每一个具体的作业对象都有不同的特点,应该怎样对它进行作业,在什么时间、什么部位,用什么方式和数量的催化剂都可能不一样。这就要依赖于对作业对象的了解程度。

2.5　人工影响天气催化剂

人工影响天气催化剂(简称催化剂)是指为达到增加降水、降低雹灾损失或促进雾层消散为目的而有意识向云(雾)中引入的物质。自然过程和人类生产、生活排入大气的微粒、气体及衍生物也会对云(雾)降水过程产生影响,但它们通常被视为无意识影响天气过程,不在本节的讨论范围。

2.5.1　碘化银

碘化银(AgI)有黄色六方和橙色立方两种。一般为黄色六角形结晶,密度约为 5.68 g/cm³,熔点 552 ℃,沸点 1506 ℃。其成冰阈温约为－5 ℃。碘化银六方晶体晶格的边长为 4.58 Å($1 \text{ Å}=10^{-10}$ m),高为 7.49 Å。冰晶也是六方晶体,晶格边长为 4.52 Å,高为 7.36 Å。由于两者结构十分相近,加之碘化银不溶于水,这是其成冰能力很强的原因,并作为人工影响天气中人工冰核使用。

碘化银的发生方式主要有燃烧法、爆炸法两种。理想的碘化银气溶胶大小是 0.1 μm,不同的发生方式形成的颗粒大小和活化程度有区别。

燃烧法又分为直接燃烧、溶液燃烧和焰剂燃烧三种。最简单的直接燃烧是将碘化银置于陶制坩埚或石英坩埚中,用电炉加热至 1000 ℃以上,其蒸气在空气中冷却而凝成碘化银微粒。溶液燃烧法是把碘化银溶于加入增溶剂的丙酮溶液中,经搅拌完全溶化后,喷射至火焰中燃烧,或喷入以丙烷或汽油为燃料的燃烧炉中一起燃烧(丙酮溶液燃烧温度可达 900～1000 ℃)。焰剂燃烧法主要由碘化银或其化合物、氧化剂、燃烧剂和黏合剂的混合物压制或胶注制成,点燃后可产生大量碘化银气溶胶。

爆炸法是将碘化银粉末压制成型填充于炮弹或火箭头部的 TNT 炸药或红磷、氯酸钾混合物之中,采用引信发射至云内爆炸,但成核率较低。

以上制备碘化银气溶胶的几种常用方法也各有特点:溶液燃烧法燃烧缓慢,单炉发生率低,但成核率最高;爆炸法瞬间爆炸高温分散,单位时间内输出率大,但成核率低;焰弹燃烧法成核率居中。近年来中国研制的焰剂新配方,其成核率在高于－10 ℃的高温段已明显超出溶液燃烧法,内含焰剂的烟条、焰弹、火箭、炮弹被广泛用于冷云或混合云的人工增雨(雪)和防雹作业。

2.5.2　液氮

液氮(N_2)是氮气的液态形式,常作为制冷剂使用。实验表明,皮肤接触液氮可致冻伤。常压下汽化产生的氮气过量,可使空气中氧分压下降,引起缺氧窒息。液氮无色、无味、无毒、不燃烧、不爆炸。熔点－209.8 ℃,沸点－195.6 ℃,相对密度 0.81 g/cm³(－196 ℃),微溶于水、乙醇。液氮一般用于冷云或混合云的飞机人工增雨(雪)作业,地面人工消冷雾等试验研究,成核率为 10^{12}～10^{13}/g。通常使用喷嘴将液氮分散成小液滴和低温冷气,喷入过冷云、雾中,形成冰晶。由于液氮播入后气化很快,对较深厚的云(雾)层不能充分有效地催化。液氮吸热后部分液体气化,其余液体仍维持液体状态。

2.5.3　干冰/液态二氧化碳

干冰(CO_2)是二氧化碳的固态形式,也常作为制冷剂使用,白色,在常压下会迅速升华为气体,其升华温度为 -78.5 ℃。实验表明,每克干冰在温度低于 -2 ℃ 的条件下,可以产生大约 10^{13} 个冰晶。干冰播撒前一般粉碎成丸状,直径约为 1 cm。碎块可以在云中下落一段距离才全部气化,故其催化区较深厚,常可用于冷云或混合云的飞机人工增雨(雪)、地面人工消冷雾作业。

液态二氧化碳(LC)作为制冷剂使用。它是二氧化碳的液态形式,通常以压力钢瓶形式储存。液态二氧化碳目前主要用于飞机人工增雨(雪)作业。陕西等地根据需要研发了适用于播云作业的 LC 播撒设备,并总结了与之相关的催化技术。用 FSSP-100、2D-C 粒子测量仪、三用滴谱仪及能见度仪等设备测定了 LC 播出物的相态、粒子形状和尺度谱。测定表明:LC 播出物为液、固、气态二氧化碳三相共存混合物。液态、固态粒子存在时间 $1 \sim 10$ s,粒子尺度 $0.1 \sim 100$ μm,播出物流束中单位体积质量可达 3.6 g/m^3。这些测定结果为使用 LC 作为冷云催化剂提供了可靠依据,为中国在较暖云顶层状云中开展人工增雨作业提供了合适的催化技术。

2.6　陕西人工影响天气功能区划

陕西省人工影响天气办公室前身为陕西省人工控制天气委员会办公室,成立于 1958 年,1959 年首次使用碘化银和干冰进行人工降雨,1963 年陕西省气象局设立人工控制研究室,1989 年陕西省政府成立陕西省人工影响天气领导小组办公室,1994 年成立了陕西省人工影响天气办公室,目前承担着全省抗旱和冰雹防御、人工影响天气保障服务等任务。

2.6.1　作业规模及装备布局

陕西全省拥有高炮 341 门,火箭发射架 353 副,碘化银燃烧炉 21 个,分布在全省 88 个县,有作业资质的县有 94 个。每年租用两架飞机在延安、榆林季节性开展飞机人工增雨作业(图 2.20)。年均增雨作业影响面积 19.5 万 km^2,防雹保护面积 4.66 万 km^2。

陕西省人工影响天气工作依托气象部门的地面自动气象观测站、新一代天气雷达、卫星云图、天气现象仪等观测、探测设备,获取人工影响天气所需要的地面、空中温度、湿度、风向、风速等气象资料,加之使用人工影响天气的云微物理探测设备,如微波辐射计、雨滴谱仪、双偏振雷达、机载探测仪器等,获取云的宏观、微观粒子特征,开展人工影响天气工作(图 2.21)。全省拥有科研、管理、作业人员共 2000 余人,开展人工影响天气作业,其中炮手、火箭手 1700 余人,高炮、火箭管理人员 50 余人,地面防雹增雨技术指挥人员 280 余人,科研人员 50 余人。

图2.20　陕西省人工影响天气作业工具分布图

2.6.2　人工影响天气功能区划

　　按照气候特点和社会需求,陕西全省人工影响天气作业分为五个功能区域,陕北干旱区以生态环境保护为目的,开展飞机人工增雨,地面人工防雹作业;渭北果业地区,以渭北30个集中连片果业县的优势果业防雹,保障优果率为目的,开展人工防雹和人工增雨作业;关中粮食主产区,以保障粮食生产为目的,开展飞机人工增雨作业,保障农业丰收;秦岭北麓,以保障城市供水为目的,开展人工增雨作业;陕南地区以水源涵养为目的,开展人工增雨作业,在商洛、安康山阳县兼顾地面防雹(图2.22)。

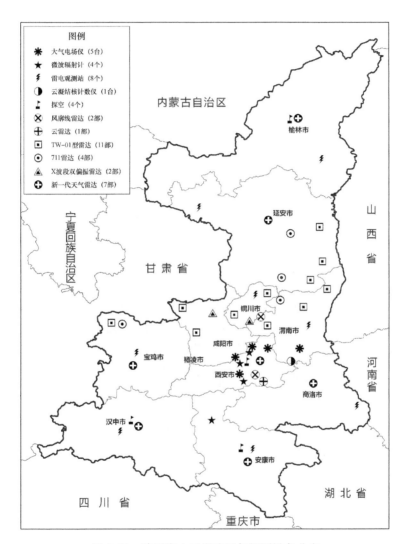

图 2.21　陕西省人工影响天气探测设备分布

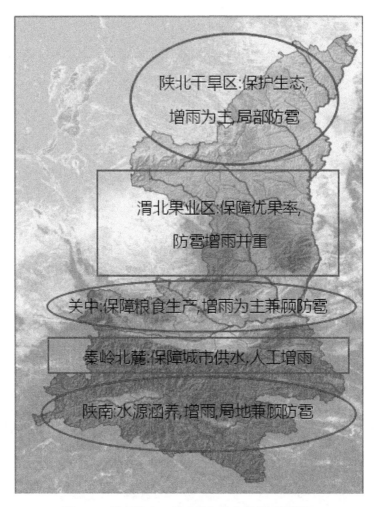

图 2.22　陕西省人工影响天气作业区划(见彩图)

第 3 章

冰雹天气的预报

3.1　冰雹天气预报方法

冰雹是在对流云中由雹胚经过上下数次循环运动和过冷水滴碰并增长形成的,当云中的上升气流支撑不住冰雹重量时,冰雹就降落到地面。大冰雹是在具有一支很强的斜升气流,同时液态水的含量很充沛的雷暴云中产生的。降雹范围一般较小,通常在中气旋周围的强回波区中,它的发生和发展与上升气流的速度联系紧密,冰雹形成的时间较短,造成的天气较剧烈,因此预报它具有一定的难度。冰雹产生在中小尺度系统之中,但它们总是在有利的大尺度环流背景下发生、发展的。传统预报方法有利用天气学,如天气图 500 hPa、700 hPa 和 850 hPa 或探空的单站进行形势预报,利用冰雹云模式进行的数值预报等。

3.1.1　冰雹天气的形势预报

根据预报区域内冰雹出现当日 08 时 500 hPa 天气系统情况,可归纳为西北气流、冷涡、阶梯槽、切变线等天气类型。

(1)西北气流型

陕西省初夏降雹的主要天气形势之一,直接影响系统是高空冷温度槽或短波槽,占降雹次数的 70%。当西风槽东移,陕西省转入槽后脊前西北气流控制下,天气转晴。冷温度槽偏后或者高度槽与温度槽脱离,脊前有不小于 16 m/s 的强风区,河西到河套一带(95°—110°E,35°—45°N)有一冷槽,并有锋区配合,500 hPa 最大温度差值不小于 6 ℃。高空当日西北气流中有强的冷平流,地面当日 14 时前升温明显,造成大气层结不稳定,有利于产生降雹(图 3.1)。

(2)冷涡型

一般为蒙古冷涡或河套冷涡。新疆到贝加尔湖为一高压脊,脊线呈东北—西南走向,脊前为一支较强的偏北或东北气流(图 3.2)。由于经向度较大,在河套附近形成低涡或横切变,当冷涡稳定时,高空不断有小股冷空气分裂南下,造成关中和陕北连续数日的冰雹天气。当冷涡云系整体向东南移动时,对流云带可影响陕西省陕北和关中北部,造成严重的冰雹天气。冷涡型降雹常带有突发性,短时间内就可以从晴好天气发展到雷雨降雹。另外,阻塞形势比较稳定,冷涡降雹可持续数日,而且常常为区域性降雹。

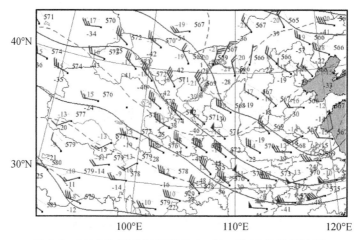

图 3.1　500 hPa 西北气流型(2016 年 4 月 27 日降雹过程)

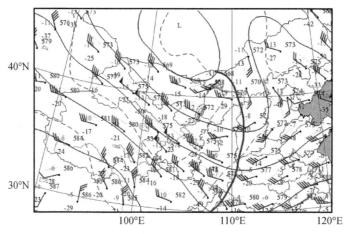

图 3.2　500 hPa 冷涡型(2016 年 6 月 3 日降雹过程)

(3)阶梯槽型

新疆以西到新疆为长波脊(75°—90°E,33°—53°N),在脊前西北气流中有一小冷槽进入(90°—150°E,35°—50°N)区域,此槽下游约 20 个经距的范围内有另一短波槽(引导槽),两槽线中点之间的纬度差不小于 8 个纬距,形成阶梯槽形势,有利于上游小槽东移加深。此类型当天到后两天有一次区域性降雹过程。

(4)切变线型

切变线型降雹比较少,除前面提到有关的横槽切变线和东北—华北低压后部的切变线能造成局地降雹外,西太平洋副热带高压(以下简称"副高")与青藏高压之间的切变线和青藏高压与河套北部小高压之间的切变也能形成局地降雹天气(图 3.3)。

(5)中、低层及地面影响系统

在 500 hPa 天气形势有利降雹的条件下,降雹当天,700、850 hPa 影响系统多为低涡或低压环流、切变线、短波小槽或冷平流风速辐合等。降雹当天或前一天,低层一般都有明显的升温,反映为温度暖脊或闭合暖中心。

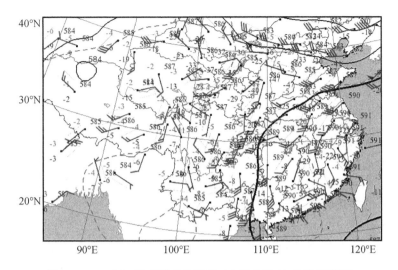

图 3.3　500 hPa 副高切变线型(2016 年 7 月 29 日降雹过程)

有利于降雹的地面天气形势主要是冷锋或副冷锋,占整个降雹日数的 70%,降雹当天地面气压形势比较弱,多为倒槽、热低压或变性冷高压后部,Δp_{24} 一般为负值或在 0 值附近,若 Δp_{24} 正值明显,即使高空冷平流强也不利形成降雹。

3.1.2　冰雹天气的单站预报

冰雹是一种中小尺度受地域条件影响的强雷暴天气,其冰—水转化过程对大气的温度层结有一定的要求,通过对冰雹天气大气温度层结的研究,寻找其特征,预报冰雹的发生。梁谷等(2008)利用延安市的气象探空资料,结合洛川县的降雹实况,得到洛川单站冰雹预报方法和指标。

(1)预报原理

对单位质量空气系统,不考虑空气夹卷的影响,由热力学第一定律得到的大气中水成物相态转化(气态→液态→固态)的热量方程可写为

$$c_p \, dT/dt - (1/\rho) \cdot (dp/dt) = dQ_1/dt + dQ_2/dt + dQ_3 \, dt \tag{3.1}$$

式中,c_p 为比定压热容,T 为气块的温度,ρ 为空气密度,p 为气压,Q_1 为凝结潜热,Q_2 为冻结潜热,Q_3 为凝华潜热。

气块温度的下降将通过气块中水成物的相变释放潜热达到平衡,温度下降的值正比于相变潜热的释放量。可见,气块中有冰雹生成,其潜热释放总量大。大气温度变化的另一种表述形式,即为大气温度等值线高度分布的变化:等值线高度下降,温度同比下降;反之,温度升高。因此,大气温度等值线高度的变化与降雹有着一定的关系。

气块中水成物粒子(水滴、冰晶)在静力条件下因重力的影响下降脱离云体。云外较干的空气将抑制水成物粒子的增长,环境温度的升高促使粒子蒸发。要使水成物粒子形成大雨滴或冰雹,需要上升气流将其悬浮在云中进行增长,故冰雹的产生是在特定大气环境条件下由大气的垂直运动所引发。大气垂直运动主要受热力抬升的影响,这种影响力决定于大气的不稳定能量,其表达式为

$$dE = g\gamma(Z - Z_0)dZ/T \tag{3.2}$$

$$\gamma = (T' - T)/(Z - Z_0) \tag{3.3}$$

式中,dE 为不稳定能量,g 为重力加速度,γ 为垂直温度递减率,$(Z - Z_0)$ 表示气块由 Z_0 上升到 Z 的移动距离,T' 为 Z_0 高度上的温度,T 为 Z 高度上的环境温度。

由式(3.2)可见,不稳定能量正比于垂直温度递减率。式(3.3)中如果$(T' - T)$不变,则 $|(Z - Z_0)|$ 为 T'、T 两层温度等值线间的距离:$(Z - Z_0)$ 小,γ 大;反之,γ 小。当 γ 大于 $0.6\ ℃/(100\ m)$时,由于热力抬升将引发大气的垂直运动。因此,两层温度等值线间距离的变化与此层冰雹的生长有着一定的关系。

冰雹只发生在负温区,即 0 ℃层高度以上。故在研究影响冰雹生成条件时主要考虑 0 ℃层高度以上的变化特征。

(2)资料选择

洛川县地处黄土高原南缘,沟壑地貌,北部紧邻宝塔区,与设在宝塔区的延安市高空气象探测站相距约 80 km,且地貌条件相似,选择延安市高空气象探测站的资料作为洛川县的天气背景资料。选取一组温度值 0 ℃、-10 ℃、-20 ℃,分别代表冰雹的初生层(0 ~ -10 ℃层)和增长层($-10 \sim -25$ ℃层),描绘冰雹的生长环境,通过对初生层和增长层变化特征的研究,预测冰雹出现。

(3)温度层结变化特征

为定量描述温度层高度逐日演变的特征,引进温度层高度 24 h 变化量:

$$\Delta H^0 = H_{08}^0 - H_{24}^0$$
$$\Delta H^{-10} = H_{08}^{-10} - H_{24}^{-10} \tag{3.4}$$
$$\Delta H^{-20} = H_{08}^{-20} - H_{24}^{-20}$$

式中,ΔH^i($i = 0$、-10、-20,分别代表 0 ℃、-10 ℃、-20 ℃)为 i 层的温度层高度 24 h 变化量,H_{08}^i 为 i 层 08 时的高度,H_{24}^i 为 i 层前一日 08 时的高度。$\Delta H^i > 0$,表明此温度层升高;$\Delta H^i < 0$,表明此温度层降低。

为放大温度层高度 24 h 变化量的影响,对冰雹初生层和增长层而言,用三层温度层高度 24 h 变化量之和 ΔH 来描述(图 3.4)。

$$\Delta H = \Delta H^0 + \Delta H^{-10} + \Delta H^{-20} \tag{3.5}$$

图 3.4 中降雹日 ΔH 的变化都小于-1470 m。

用冰雹初生层和增长层厚度的 24 h 变化量对不稳定能量进行描述(图 3.5)。降雹当日冰雹初生层、增长层其中之一的厚度 24 h 变化量小于-223 m。

(4)预报指标和应用

由于目前气象观测为本站降雹,不能反映一个区域内的降雹实况,因此在预报验证中采用雷达探测识别冰雹云为主,结合地面有明显证据证明的降雹资料为辅,在预报的当天,气象测站周边 60 km 范围内:出现不止 1 个冰雹云,即为有冰雹正确;无冰雹云,即为无冰雹正确;反之为错误。统计 2006 年 6—9 月和 2007 年 5—9 月预报准确率。预报洛川冰雹天气,准确率达 90%,没有漏报,有 10% 的空报,其中只有小于 2% 的情况没有出现强对流云。获得的洛川县冰雹云预报指标(表 3.1),根据零度层高度的不同,从上到下逐层筛选预报。

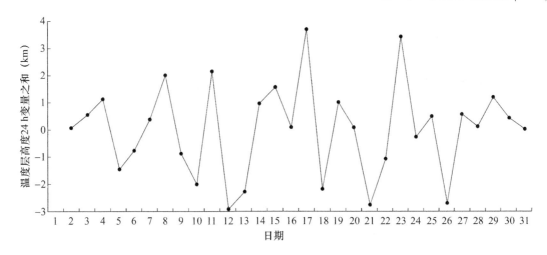

图 3.4 2006 年 5 月延安市 08 时温度层高度 24 h 变量之和的演变

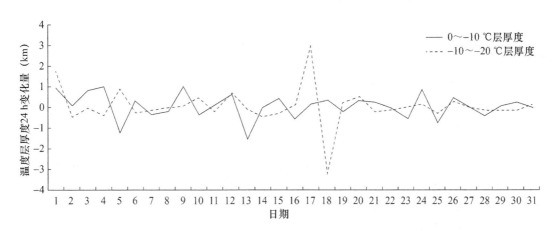

图 3.5 2006 年 5 月延安市 08 时初生层、增长层的厚度 24 h 变化量的演变

表 3.1 洛川县冰雹云预报指标

H_{08}^0(m)	ΔH^0(m)	ΔH^{-10}(m)	ΔH^{-20}(m)	ΔH(m)	厚度 24 h 变化量(m)		
					0～-10 ℃	-10～-20 ℃	0～-20 ℃
≤2800	≤-1500		≤-300		≤-1500		
		≤-1000	≤-1300				≤-1610
≤3200	≤-200	≤-300	≤-450	≤-2700		≤-223	
≤3900	≤|100|	≤-1000	≤-250	≤-1400	≤-1291		
	≤-650	≥150					≤-414
≤4100	≥140	≤-150	<0				≤-2900
		≥450	≤-2500	≤-2100			≤-2930
>4100	≤-980	≤-920	≤-1400	≤-3378			≤-470
	≥390	≤-140	≤-160				≤-550

注:栏目内无数值表明此项的变化可不考虑。

采用温度层结预报冰雹的方法简单、方便。这种预报方法,得到的预报指标有很强的地域性,各地可通过上述方法得到适合本地使用的冰雹预报指标。预报中发现,用 08 时的气象探空资料来表述一天温度层结的特征有缺陷,如能将 08—20 时的气象探空资料结合在一起进行分析,将更加符合大气的实际状况;另外,日出后地面温、湿度的变化对冰雹的形成也有影响。

3.2　三维冰雹云数值模式

20 世纪 60 年代,国际上科学家开始用数值模拟方法研究积雨云的发生、发展、消亡等物理过程,开发了一、二维积云数值模式,模拟了云中的冰相微物理过程。自 Steiner 建立了三维积云数值模式后,三维云模式的性能和研究范围不断得到扩展。但由于计算量较大,这些三维模式基本未考虑冰相过程。Tripoli 和 Cotton 建立了有 10 个参数化冷云微物理过程的三维云模式。

中国科学家孔凡铀等(1990,1991)建立了一个较为详细的对流参数化三维完全弹性原始方程模式,研究了各冰相微物理过程,提出了参数化方案。洪延超(1999)在此基础上发展了三维冰雹云催化模式,可分别计算以冻滴和霰为胚胎的雹块的数量,并有催化功能。郭学良(2001)建立了三维冰雹分档强对流数值模式,研究了冰雹粒子的分布特征。肖辉等(2002)利用三维冰雹云模式(IAP_CSM3D)进行了旬邑地区冰雹云的早期识别及数值模拟,表明冰雹云的模拟和实际观测基本一致。

中国科学院大气物理研究所的双参数三维冰雹云模式(IAP_CSM3D),考虑了冰雹云中各种详细的微物理过程,粒子采用数浓度和质量浓度双变参数谱,将云中水物质分成水汽、云水、雨水、冻滴、冰晶、霰、雪和冰雹等 8 类,可以预报粒子的数浓度和质量浓度,尤其可以计算以霰或冻滴为胚胎的雹块的数量,该模式还能模拟防雹作业后的效果等,是研究冰雹云形成机制和预报冰雹参考方法之一。

探空资料选取:初值由单站探空资料给定,选取当日 08 时延安、西安、银川或平凉站的探空资料。需要考虑控制系统和冰雹影响区。对西风带系统、高空锋区及大风区位置偏北,选择银川或延安探空资料;锋区南压,用平凉或西安探空资料较好;冷涡系统选择延安或西安探空资料;蒙古冷涡或东北冷涡一般用延安站探空资料;华北冷涡中心位置偏东偏北时选用延安站探空资料,偏东偏西则用西安站探空资料较好。为了更接近实际,选择当日 11 时近地面资料代替低层探空数据。

3.2.1　自然云的数值模拟

利用三维冰雹云数值模式对 2007 年 7 月 24 日冰雹天气过程数值模拟。模式计算区域为 36 km×36 km×19 km,垂直格距 0.5 km,水平格距 1.0 km。扰动区域为 12 km×12 km×4 km,扰动区中心位于模拟区域中心(18,18)上方 5 km 处。小时间步长为 1 s,大时间步长为 5 s,总的模拟时间为 60 min。整个模式域随云体的质心水平移动,用单点探空水平作为均匀的模式初始场。模式采用热启动方式,最大扰动位温 2.0 ℃。

初始场为当日 08 时西安站探空资料(温、压、湿、风),为了更贴近低层实况,探空站的近地面层选择当日 11 时陇县气象站的温、压、湿、风资料订正。图 3.6 为当日 08 时西安探空 T-$\lg p$ 图,K 指数,沙氏指数均显示对流不稳定。

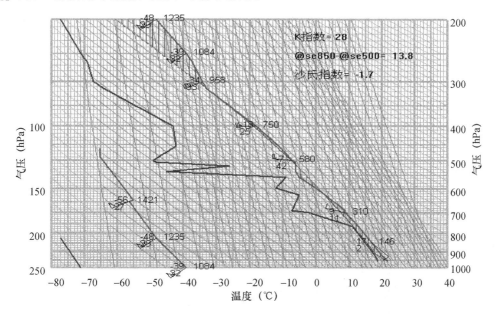

图 3.6　2007 年 7 月 24 日 08 时西安探空站 T-$\lg p$ 图

自然云的数值模拟情况:前 22 min 气流变化平稳;24 min 开始气流变化较大,产生了强的上升气流;42 min(图 3.7a)时出现了 0.1 g/m³ 的雹水含量较大区,高度在 3.0～4.5 km,探空数据表明 3.0～4.0 km 高度对应温度 0～5 ℃,模拟结果(偏暖)与真实情况有一定差距;46 min 后雹水含量较大区连接地面,降雹速度较快,从雷达观测的冰雹云初始回波到陇县降雹时间长达 70 min(图 3.7b)。

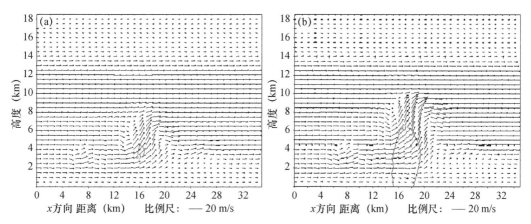

图 3.7　模拟自然云 y 方向 17 km 处雹水含量

(a. 42 min 雹水含量;b. 46 min 雹水含量;单位:g/m³)

3.2.2　自然冰雹云与数值模拟的冰雹云雷达回波对比

711 雷达观测表明：2007 年 7 月 24 日 17 时 16 分，宝鸡地区两块对流云合并，并形成稳定单体，合并中云顶升高、回波强度增大。比较可知：数值模拟云顶最大高度 11.5 km，合并后雷达观测的最大云顶高度 11.6 km，大体相当；数值模拟的回波最大强度为 60 dBz，中心在 6 km 以下，而实际 711 雷达观测的回波强度 70 dBz（711 雷达回波强度比实际雷达回波强度高 10 dBz），强中心在 8 km 以下，因此最大回波强度大体相当，位置有差异；数值模拟的云体宽度达 32 km，实际 711 雷达云体最大宽度 27 km，基本接近实况。结果表明，模拟自然雹云的雷达回波顶高、水平尺度、回波结构和强度等与实测回波基本吻合（图 3.8、图 3.9）。

自然雹云模拟显示：前 28 min 雹云处于酝酿阶段，上升气流从 0.2 m/s 增大到 1.7 m/s；随后 20 min 气流速度增长较快，上升气流速度为 1.7 m/s，最大为 22.0 m/s；之后上升气流速度减弱，60 min 上升气流减到 11.0 m/s 左右。总的来看，此自然冰雹云上升气流较强，发展较稳定，生命期较长，属于强冰雹云。

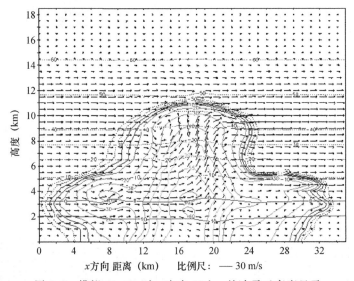

图 3.8　模拟 50 min 时 y 方向 17 km 处冰雹云高度显示

（实线为雷达回波强度，图中心最大强度 60 dBz，向外递减，间隔 5 dBz；虚线为温度曲线，间隔 10 ℃）

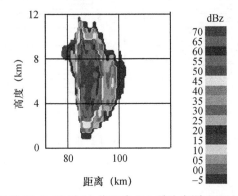

图 3.9　2007 年 7 月 24 日 17 时 16 分宝鸡 711 雷达实测 RHI 回波（方位 331.2°）

3.2.3　碘化银催化数值模拟效果

不同的时刻,用 80 g 碘化银在 −10 ℃ 云层中进行撒播、催化,以试验何时催化效果最好。模拟结果从表 3.2 可见:催化时间越早,降雹量减少越快,时间越晚降雹量反而增大,而降雨量随着催化开始时间的推迟越来越大。因此,三维冰雹云数值模式可以模拟防雹作业后的效果,是否与实际情况一致,还需要在以后的实践中加以验证。

表 3.2　80 g AgI 催化时的总降雹量和总降雨量随时间的变化模拟结果

时间(min)	5	8	10	11	12	13	15
降雹量(kt)	55.36	46.98	45.72	43.72	42.65	46.73	65.78
降雨量(kt)	453.21	460.32	470.83	480.28	477.65	479.35	482.21

三维冰雹云模式具有一定的提前预报冰雹能力。它较好地描述了冰雹云的发生、发展情况,能够模拟对流单体云顶高度、云体宽度、强回波高度等参数,对加入催化剂也有一定的模拟能力,但与实际情况有一定的差异,对于复杂的多个单体合并、单体的分裂等不能模拟。

第4章

冰雹云的识别方法

中国科学家把雹云大体分为弱单体、强单体、多单体、传播雹云和点源雹云等几类,并研究阐明了各类雹云的云体结构、降雹特点、形成条件及出现概率等。这些研究对防雹作业决策是非常有用的。如,对弱单体雹云作业剂量可以少一些,对强单体雹云作业量就要大一些,对多单体雹云,要防止它们合并成强单体雹云,在合并之前就需要作业,对传播雹云,就要考虑到多次作业等。

近年来的防雹实践证明,天气雷达是获取冰雹云信息、实现科学防雹作业最有用的探测手段。冰雹云的识别方法有通过卫星云图的定性识别,通过雷达平面、高度显示上出现的形状、结构、移动方向等特征的定性、定量识别,通过云体发出的声音、光、电等特征的识别等。

4.1 冰雹云的卫星云图特征

应用卫星资料虽然不易掌握雹云的内部结构,但能识别早期对流云系及先兆性的卷云等。应用卫星云图资料对陕西冰雹云和其他云的光谱特征进行对比分析,发现冰雹云的热红外亮温的变化基本在 245 K 以下,中红外波段反射率基本不超过 0.4,可见光和近红外波段反射率大于 0.6。从卫星资料反演的冰雹云宏观物理参数看,高的云光学厚度和大的云粒子有效半径是冰雹产生的 2 个重要条件,这 2 个条件同时出现的区域一般容易出现降雹天气。卫星资料与多普勒雷达资料可以配合使用,发挥各自的优点,卫星监测手段着眼于冰雹云的宏观分布和运动,多普勒雷达监测手段着眼于冰雹云个体的结构和演变,从而建立比较可靠的冰雹云卫星监测方法。

4.1.1 螺旋状云带

陕西省下游出现明显的螺旋状云带(图 4.1,杜继稳,2007),螺旋中心在蒙古国东部到我国东北地区,此云带对应地面冷锋位于华北、华东,在螺旋状云带以西或西南,有大片细胞状云系或积云稠密区,当螺旋状云带在此维持时,稠密而白亮的积雨云团或逗点云系不断生消,造成持续性的区域性冰雹天气。

4.1.2 高空冷涡云系类

当东亚大气环流经向度发展,有阻塞高压或切断低压形成时(图 4.2,杜继稳,2007),在蒙古国中部区有一近似圆形的涡旋云系,由白亮、边缘光滑的对流云团组成,排列成带状,向南伸展,呈气旋性弯曲。当形势稳定时,对流云团可反复出现,不断影响偏北、偏东地区,造成的灾害大,持续时间较长。

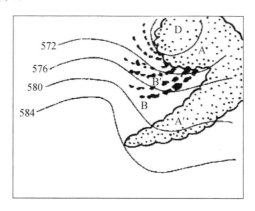

图 4.1　螺旋状云带

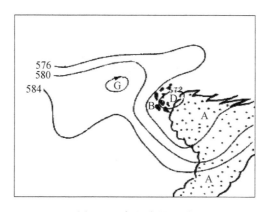

图 4.2　高空冷涡云系

4.1.3　冷低槽云系类

青藏高原东部有一典型的低槽云系东移(图 4.3,杜继稳,2007),云层密实、白亮,前沿的丝缕结构清楚,后沿边界清楚、整齐,槽后冷平流很强,地面上有冷锋。云区移至华北后发展为气旋性云系,陕西省处于其后部的西北气流里,云团上生成一片弱的对流云区,很快发展成对流云团,产生区域性冰雹天气。

4.1.4　冷锋云系类

形势为阶梯槽时,地面上有西北路或北路冷锋侵入陕西省,在云图上表现为:

(1)冰雹出现于冷锋云系前方杂乱云系中。河西有冷锋东移,锋面前云区有明亮的对流云团,午后发展为大风、冰雹天气。

(2)冷锋云带尾部产生冰雹。冷锋云带偏北东移,且锋后冷平流很强,尾部有明亮的对

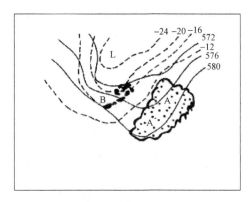

图 4.3 冷低槽云系

流云团沿锋排列,生消旺盛,在云团经过的地方产生冰雹天气。

(3)副冷锋云带上产生冰雹。夏季在冷涡云系的南部或西南部,有时出现一条气旋性弯曲的云带,地面有一条副冷锋,此云带由对流云团组成的不连续云带,当副冷锋过境时,产生冰雹天气。

4.2　雷达识别冰雹云方法

正确区别雷雨云和冰雹云是雷达监测的关键技术,如果是雷雨云,可不实施防雹作业,这样就能节约大量的费用。对于冰雹云,如能早期识别,在大冰雹尚未形成时作业,可达到事半功倍的效果。中国科学家在用雷达识别冰雹云和雷雨云方面做了大量工作,各地都有自己的判别指标,北京、山西、甘肃、新疆、辽宁、四川、青海、河北等地率先开展了冰雹云的雷达观测,分析了冰雹云与雷雨云回波特征的差异,提出了区分二者的指标,从而发展了适合本地区用雷达识别冰雹云的方法,识别准确率 $80\%\sim85\%$,并以此作为是否需要作业的依据。如河南省统计了 1982—1997 年 40 次冰雹云回波强度,降雹时回波强度均不低于 40 dBz,最强可达 60 dBz,所以把 40 dBz 作为有无冰雹形成的判断依据之一(张素芬等, 1999)。新疆塔城—额敏盆地识别冰雹云及其强度使用了多参数指标,这些指标有指状回波、回波穿窿、"V"型缺口等定性指标,也有以回波顶高、反射率强度等因子结合的综合指标(高子毅等,1999)。然而,在实际应用中发现,用这些作为判别冰雹云或者已经开始降雹的指标,使用起来不但复杂,而且时效性差。

根据近十余年来对陕西渭北地区冰雹云活动规律及雷达观测技术的研究,得出冰雹云的综合识别技术,使用方便、快捷,可以单技术使用,效果良好。所谓综合识别技术,就是对识别指标能够综合运用,因为冰雹云在发生、发展过程中,有时会同时符合几项指标,只要符合其中某一项指标,就可以开始催化作业。当然,这还要求雷达观测员和指挥员具有一定的云物理学基础知识,在充分理解各种指标的物理意义前提下,结合当地的冰雹云特征,在防雹作业时机的选择中熟练、灵活地应用这些指标,可以为防雹作业赢得宝贵的时间,并减少不必要的浪费。

4.2.1　45 dBz 强回波顶高识别冰雹云

樊鹏等(1994,2005)根据旬邑雷达站 1992—1994 年 57 次风暴的雷达高显(RHI)观测资料分析,有 34 次风暴地面出现了降雹,经统计 45 dBz 强回波顶高,得出地面降雹的数学模型为

$$H_{45\,dBz} \geqslant H_0 + 2.3 \text{(km)} \tag{4.1}$$

式中,$H_{45\,dBz}$ 是雷达观测的 45 dBz 强回波顶高度,H_0 是由西安无线电探空得到的当天 08 时 0 ℃层高度。经资料统计分析,降雹单体的 45 dBz 顶高平均为 9.3 km(海拔高度,下同),强降水单体的 45 dBz 顶高平均为 6.2 km;降雹单体的 45 dBz 顶高在 0 ℃层以上的平均高度为 4.6 km,而强降水单体的 45 dBz 顶高在 0 ℃层以上的平均高度仅为 1.3 km。雷达用此模型识别冰雹云的准确率可达 90%左右,一般不会产生漏报现象。

由于雹暴的发生、发展与地理、地形有很大的关系,45 dBz 强回波顶高度各地也不尽相同。如南非用 45 dBz 强回波顶高的识别指标为

$$H_{45\,dBz} \geqslant H_0 + 3.3 \text{(km)} \tag{4.2}$$

瑞士、意大利、法国于 1977—1981 年联合在三国交界处用 45 dBz 强回波顶高的识别指标为

$$H_{45\,dBz} \geqslant H_0 + 1.4 \text{(km)} \tag{4.3}$$

因此,各地在用雷达识别冰雹云工作中应通过资料积累总结出适合本地的判别指标。

4.2.2　45 dBz 强回波顶高、温度识别冰雹云

在 1997—2000 年国家"九五"科技攻关项目"人工防雹减灾技术研究"专题和陕西省科技攻关项目"渭北人工防雹技术研究"课题中,利用课题执行期间在陕西渭北地区旬邑人工防雹试验基地观测到的 146 例对流云雷达回波资料,统计得出强冰雹云、弱冰雹云和雷雨云的 45 dBz 强回波顶高和对应的环境温度(表 4.1)。用这个识别指标,结合雹云发展特征,还可以提前 5~10 min 识别出冰雹云,准确率为 86.0%。

表 4.1　旬邑冰雹云识别判据

云型	$H_{45\,dBz}$(km)	$T_{45\,dBz}$(℃)
强冰雹云	≥8.0	≤−20.0
弱冰雹云	7.0~8.0	−14.0~−20.0
雷雨云	<7.0	>−14.0

用地面降雹前被识别为雹云的 45 dBz 回波顶高和对应的环境温度作点聚图(图 4.4,杜继稳,2007)。由图看出,45 dBz 回波顶高 $H_{45\,dBz} \geqslant 7.0$ km,有 9 次无雹(空报),漏报 3 次,冰雹识别准确率为 85.9%。当 $H_{45\,dBz} \geqslant 8.0$ km 时为强降雹云,有 1 次空报(弱冰雹云),漏报 1 次,识别准确率为 96%;当 $H_{45\,dBz}$ 在 7.0~8.0 km 时,有 9 次空报,漏报 1 次,识别准确率为 73.6%;当 $H_{45\,dBz} < 7.0$ km 时,出现冰雹云概率很小,只有 2.7%为冰雹云,并且为弱冰雹云。

4.2.3　回波跃增识别冰雹云

对冰雹云发展早期进行连续跟踪观测均发现冰雹云有爆发式增长阶段,这种现象被称为

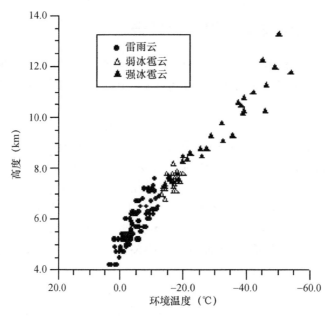

图 4.4　冰雹云、雷雨云 45 dBz 回波顶高 $H_{45\,dBz}$ 和其对应的环境温度 T 的关系

冰雹云的"跃增增长"现象,这是冰雹云发展的一个重要特征。出现"跃增增长"时 45 dBz 强回波区比 0 dBz 回波区增长得更快,观测到"跃增增长"的回波,后来在地面都有降雹(表 4.2)。这是冰雹云从生成到发展再到成熟过程中的一个明显特征,在雷达 RHI 上,45 dBz 强回波在短时间内(5~10 min)向上突增,常导致不久之后地面降雹,而雷雨云没有这种现象。

表 4.2　冰雹云回波跃增增长特征统计

观测时间	$H_{0\,dBz}$回波顶变化 (km/min)	$H_{45\,dBz}$回波顶变化 (km/min)	降雹时间	降雹地点	观测到跃增与降雹时间差 (min)
1997 年 7 月 8 日 13 时 30—56 分	0.14	0.16	14 时 03 分	旬邑县马栏镇	7
1999 年 7 月 17 日 12 时 50—20 分	0.42	0.50	13 时 30 分	淳化县安子哇镇	10
1999 年 8 月 1 日 12 时 42—56 分	0.10	0.40	13 时 06 分	旬邑县水家镇	10
1999 年 7 月 20 日 22 时 15—20 分	0.40	0.30	22 时 15 分	三原县新兴镇	0
1994 年 7 月 13 日 15 时 15—22 分	0.11	0.21	15 时 30 分	铜川市	8

4.2.4　根据初期回波出现的高度识别冰雹云

识别冰雹云初始回波对提高人工防雹作业的效果非常重要。识别冰雹云和雷雨云初始回波的方法是,冰雹云初始回波一般形成于 0 ℃层以上的中空,并向上、下发展。1999 年 5 月 24 日出现的冰雹云(图 4.5),当日 15 时 31 分在雷达站西北方向 120 km 处观测到初始回波(位于陇县北部),45 dBz 底高为 4.3 km,顶高达 9.0 km,7 min(15 时 38 分)后观测,45 dBz 回波区面积明显增大,其顶高增长到 10.2 km,而底高基本未变。平凉 08 时探空测得 0 ℃层高度为 3576 m。在以后的发展中 45 dBz 回波区面积进一步扩大,且中心强度始终在

50 dBz 以上,属冰雹云回波。从 15 时 31 分回波位于陇县北部到 16 时 30 分陇县出现强降雹,这 59 min 为该冰雹云的酝酿阶段,这段时间为防雹最佳时机。而同一天在雷达站东北方向 60 km 处观测到的雷雨云初始回波出现在 0 ℃层以下高度(图 4.6),虽然该回波强度达到 65 dBz,但云的主体在 0 ℃层以下,地面未降雹。

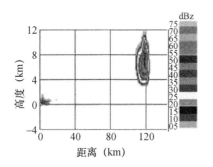 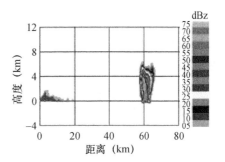

图 4.5 1999 年 5 月 24 日   图 4.6 1999 年 5 月 24 日
15 时 31 分 48 秒,方位 345.1°   14 时 07 分 17 秒,方位 46.5°

4.2.5　根据强回波区在云体中的位置识别冰雹云

对流云在发展阶段,如果 45 dBz 强回波区出现在云体的中上部,通常为冰雹云(图 4.5、图 4.7),如果在云体的中下部,为雷雨云。表 4.3 还列出了观测得到的冰雹云初期回波出现高度和强回波在云体中出现位置。

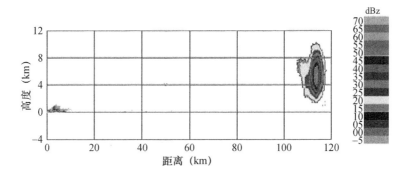

图 4.7 宝鸡雷达站 2002 年 5 月 16 日 16 时 02 分 17 秒,方位 50.4°

表 4.3　冰雹云初期回波和强回波出现高度

日期	时间	初期回波出现高度 (km)	强回波垂直范围 (km)	强回波在云中位置	云型
1997 年 7 月 8 日	13 时 30 分	6.0	4.9～7.5	中上	冰雹云
1999 年 7 月 10 日	14 时 36 分	5.0	5.0～6.0	中上	冰雹云
1999 年 7 月 11 日	17 时 07 分	5.3	5.0～7.8	中上	冰雹云
1999 年 7 月 17 日	12 时 50 分	5.5	4.5～7.5	中上	冰雹云
1998 年 7 月 15 日	11 时 30 分	3.8	3.5～4.2	中下	雷雨云
1999 年 7 月 10 日	12 时 22 分	4.5	3.0～4.5	中下	雷雨云

4.2.6　对流单体合并加强可识别为冰雹云

对流单体在移动过程中常常加强并产生合并,合并后继续加强产生降雹(图 4.8、图 4.9)。在图 4.8 中,1999 年 5 月 24 日宝鸡雷达站平显(PPI)观测时仰角为 3°,16 时 03 分观测到距测站 80～100 km 处,方位 345°有一块对流单体(称为回波 A),另在方位 25°、60～80 km 处还有一块对流单体(称为回波 B),在南移过程中于 17 时合并(图 4.9)。合并后回波加强,回波顶高达到 11.5 km,45 dBz 顶高 9 km,并在移动路径上不断产生降雹,冰雹直径为 15～30 mm,最大达到 60 mm,持续时间长达 30 min,最大瞬时风速 19 m/s。据民政部门统计,受灾农田 2 万 hm²,造成经济损失 4391 万元。

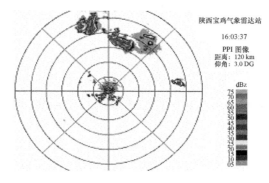

图 4.8　宝鸡雷达站 1999 年 5 月 24 日 16 时 03 分 PPI

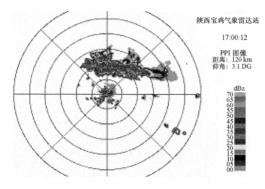

图 4.9　宝鸡雷达站 1999 年 5 月 24 日 17 时 00 分 PPI

4.2.7　根据对流单体的移动方向识别冰雹云

在一般情况下,渭北地区的冰雹云移动方向为西北到东南或由北向南方向移动,然而,由于受不同天气系统的影响,有时会出现由东南到西北或由南到北的移动,虽然为数不多,但一旦出现,即可识别为冰雹云(图 4.10、图 4.11)。在图 4.10 中,2002 年 8 月 18 日 12 时 15 分 PPI 观测,方位 135°、距洛川测站 26 km 处(箭头所指)的对流单体,回波顶高 5 km,45 dBz 顶高 4.2 km,到 13 时 31 分(图 4.11),该回波向西北方向移到距测站 7 km 处,强中心位于 10 km 处,回波顶高 8.5 km,45 dBz 顶高 7 km(洛川站海拔高度 1159 m),回波移动速度 12 km/h,测站于 13 时 55 分—14 时 06 分降雹,冰雹直径 21 mm,在向西北方向移动过程中连续降雹,14 时 28 分云体移经测站降雹到正西方向 10 km 处,回波顶高 11.5 km,45 dBz顶高 8.5 km,胡村、马家庄一带降雹。

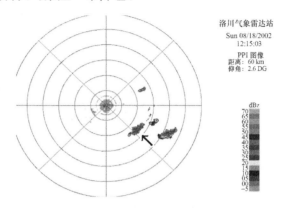

图 4.10　洛川雷达站 2002 年 8 月 18 日 12 时 15 分 PPI

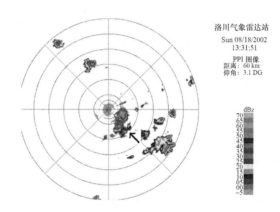

图 4.11　洛川雷达站 2002 年 8 月 18 日 13 时 31 分 PPI

通过对陕西省渭北地区近十余年来雷达资料和降雹资料的分析研究,得出渭北地区雷达定量识别冰雹云的技术指标,加上已有的指状回波、钩状回波、回波窟窿等定性指标,基本上不会出现漏报,可以做到早预测、早识别、早作业,尽量减少雹灾造成的危害。各种识别冰雹云指标要进行综合应用。冰雹云在发生、发展过程中,既有合并现象,也有跃增现象,既符合 45 dBz 高度指标,同时也符合 45 dBz 高度上的温度指标,其中只要符合任一种指标,即可识别为冰雹云。

4.3　新一代天气雷达的冰雹云特征

常规天气雷达的探测原理是利用云雨目标物对雷达所发射电磁波的散射回波来测定其空间位置、强弱分布、垂直结构等。新一代多普勒天气雷达除具有常规天气雷达的作用外,还可以利用物理学上的多普勒效应来测定降水粒子的径向运动速度,推断降水云体的移动速度、风场结构特征、垂直气流速度等。新一代多普勒天气雷达可以有效地监测暴雨、冰雹、龙卷等灾害性天气的发生、发展；同时还具有良好的定量测量回波强度的性能，可以定量估测大范围降水。缺点是，不能人工干预雷达的自动运行，受(PUP)用户所限，不能快速连续获取云层的高度变化信息，对人工防雹指挥力度不够，但是新一代天气雷达在天气预警方面还是不错的，与常规雷达配合使用，可很好地指导人工防雹作业。

4.3.1　强度特征

冰雹多发生于多单体或超级单体风暴中，但由于雷达波束在云体的位置以及分辨率等原因，多单体或超级单体风暴的一些典型特征并不能被探测到。但是冰雹云回波具有一些共同的特征。

(1)冰雹云的雷达回波很强：根据微波散射理论，冰雹云的雷达回波强度总是大于同地区、同季节出现的普通雷暴的回波强度。

(2)回波顶高度高：由于冰雹云中的上升气流强于一般雷暴，所以冰雹云的雷达回波高度也是最高的。但是随着季节和纬度的不同，冰雹云的回波顶高也会有变化，春季冰雹云回波顶高较低，通常为 7 km 左右，夏季冰雹云回波顶高较高，可达 10～16 km。

(3)上升(下沉)气流强：上升气流是大冰雹产生的必要条件，云中冰雹形成区也是强回波区。支撑这个冰雹形成区要有很强的上升气流。冰雹云同时也有强的下沉气流，形成云下地面强风。向外辐散的地面强风与向雷暴低层辐合的环境风之间的阵风锋，它们在雷达反射率因子图中反映出来的特征就是一些特殊形态的回波，如有界弱回波区、钩状回波、"V"形回波缺口。这些特征回波多产生于冰雹云的发展阶段，对预报冰雹具有很好的指示意义。

4.3.2　径向速度特征

由于冰雹云多是由强对流引起的，所以冰雹云回波的径向速度分布尺度也很小，中气旋是冰雹速度分布的一个重要特征，在对流单体中存在着正、负速度对，在比较大的单体中经常出现正、负径向速度中心(图 4.12)。径向速度等值线分布较密集，切向梯度也较大，有时存在速度模糊，常常可以见到"逆风区"，"逆风区"是指在低仰角多普勒径向速度图上，同一方向的速度区中出现的另一方向的速度区，即在正(负)

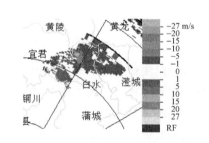

图 4.12　新一代天气冰雹云速度图

多普勒径向速度区出现了负(正)多普勒速度区，也就是同一方向的速度区(不跨越雷达观测站)被另一方向的速度区所包围，这块被包围的速度区称为"逆风区"。

4.3.3　平面显示(PPI)特征

在 PPI 上，回波呈块状分布，在其块状回波中具有钩状、指状(图 4.13)、"V"形缺口等外形特征(与 711 雷达一致)，其内部结构密实，回波强度强，一般强中心的回波强度大于 50 dBz，但较强冰雹天气，回波面积小，边界清晰，棱角分明，回波前端梯度大，回波强度比平均值大，一般都超过56 dBz。由于冰雹云形成的流场方式较为特殊,因此,冰雹云除了较强的回波强度、较高的回波顶部高度特征外,还有一些明显区别于其他雷暴回波的外形特征(图4.13、图4.14)。

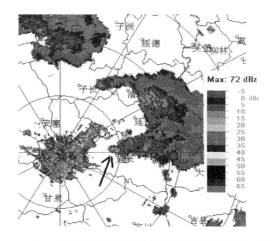

图4.13 新一代天气雷达冰雹云指状回波(箭头所示)(见彩图)

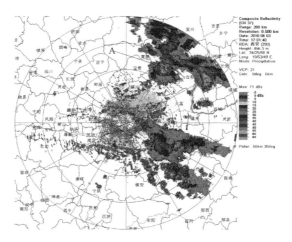

图4.14 新一代天气雷达冰雹云回波(A所示)

"V"形缺口。由于云中大冰雹、大水滴等大粒子对电磁波的强衰减作用,雷达探测时电磁波不能穿透大粒子(冰雹)区,在大粒子(冰雹)区后半侧形成的所谓的"V"形缺口。缺口方向沿雷达径向方向。一般距离雷达测站不能太远。

旁瓣回波和三体散射回波。旁瓣回波也叫尖顶回波,由于天线向外辐射出去的电磁波能量除了主瓣外,还有旁瓣,当有旁瓣发射出去的电磁波在近距离遇到一些特别强的降水中心时,也能产生为雷达接收机接收到的回波(图4.15,箭头A所示的突起部分)。三体散射回波,雷达探测强雷暴时,有强中心和地面的多次反射使电磁波的传播距离变长,产生异常回波信号,回波返回所用的额外时间被雷达显示在更远处,表现为从云中延伸出去的"钉子"状回波,或耀斑回波,简称TBSS,由于大多数情况下出现在冰雹云中,所以又叫作"冰雹尖峰"(图4.15,箭头B所示的突起部分)。异常回波强度通常不大于20 dBz,判断三体散射最重要的是三体散射的方向是沿着雷达径向方向的,径向速度一般很少出现模糊。

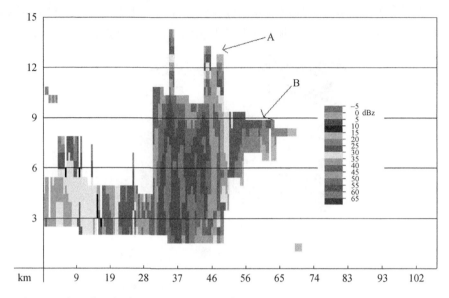

图 4.15　新一代天气冰雹云 RHI（A——旁瓣回波；B——三体散射回波）（见彩图）

4.3.4　高度显示(RHI)特征

（1）穿廊、回波墙和悬挂回波。由于冰雹云上升气流特别强，在其上升运动区出现了相对弱的回波区（穿廊）；在冰雹区由于雹块集中降落，形成了竖直方向的特强回波区（回波墙）；在其前沿，小冰雹循环上升的区域，形成了悬挂回波。

（2）具有较强的强回波中心，且强回波中心处于中空，或高度较高。冰雹云的强回波中心高度远比普通雷暴的强回波中心高。实践证明，用 RHI 上"强回波高度"识别冰雹云是一个很成功的指标。

（3）旁瓣回波与三体散射。由于冰雹云强度很强，所以在其顶部和后方会分别形成旁瓣回波和三体散射回波。它们都属于虚假回波，在 RHI 上表现明显（图 4.15）。

4.3.5　垂直累积液态水含量指标

使用多普勒雷达体扫描资料中的（垂直累计液态水含量）产品的生成技术及其估测误差分析，并结合降雨和降雹实测资料，可以得出不同地区识别冰雹云的判别指标。陕西省利用 2005 年 5 月 30 日和 8 月 1—3 日 4 次冰雹过程的多普勒雷达产品中垂直累积液态水含量资料，分析了 14 个回波中心与实况对应关系，初步得到降雹的垂直累积液态水含量指标：在多普勒雷达回波图上，雷达探测范围 50～150 km 内，垂直累积液态水含量不小于 50 kg/m^2 会出现降雹，垂直累积液态水含量不小于 60 kg/m^2 时可出现大冰雹，垂直累积液态水含量最大可达 80 kg/m^2；降雹前后，垂直累积液态水含量值一般都较大；垂直累积液态水含量大值区对冰雹落区及强度有较好的指示作用。分析还发现，距离雷达 50 km 以内、150～200 km 的范围，雷达回波对垂直累积液态水含量值估计过低，这些区域垂直累积液态水含量不小于 25 kg/m^2 时，就有可能产生冰雹，应用时要注意订正。

4.4 冰雹云声、光特征

4.4.1 冰雹云声音特征

吼声:有不少地方,在冰雹云移近时,可听到类似风吹树叶发出的沙沙响声,或像远处的飞机声、山中的瀑布声,群众称为"蜂子朝王声"或"雨磨声"。这种吼声在一般积雨云或雷雨云中听不到,因而也就成为某些地方识别冰雹云的依据之一。

吼声产生的原因说法不一。一种认为是冰雹撞击地面、水面、树叶及建筑物等发出的声音,遇山谷等特殊地形,又可使此种声音共鸣加强并传至远方,因而在本地降雹前就可听到。另一种认为冰雹在空中运动时,受到空气摩擦振动和冰雹之间碰撞发出的声音,通过山地共鸣加强而传至远方,因此在本地降雹开始前几分钟可以听到这种吼声。

4.4.2 冰雹云光特征

雹区群众经验证实,冰雹云来势凶猛,云体常有异常光现象。中国北方普遍总结的"黄云有雹""黑云红梢子降雹""黑云黄边子,必定下雹子""黑云尾,黄云头,雹子打死羊和牛""黄云翻,冷雹天"等农谚,都说明冰雹云内异常光现象的存在。其原因是冰雹云内对流活动强烈,上升气流常从地面卷起大量尘土进入云体而造成,特别是上升气流所在的云体前部更为明显。但应指出的是:这种光现象不是在所有冰雹云都能看到,因它与观测者、太阳、云体三者的相对位置有关,还与降水粒子对太阳光的折射和反射有关。

拉磨雷的产生,是冰雹云内闪电次数频繁的结果。而一般积雨云或雷雨云,大多为云地闪电(即竖闪)。所以云中闪电频繁,即"横闪多雹",也成为宏观识别冰雹云的一条依据。

降雹前的地面温度、湿度、气压和风等气象要素变化很大,可以通过地面气象要素的演变特征来判别。

经频谱分析表明,雷声的能量主要分布在 $40 \sim 1000$ Hz 范围内,其中 70% 在 $63 \sim 315$ Hz,主峰值为 $80 \sim 160$ Hz。降雹云体的雷声峰值频率在 100 Hz 左右,非降雹云的雷声峰值平均频率却为 160 Hz。统计还表明,降雹雷声频谱在 $63 \sim 125$ Hz 的能量,比 $160 \sim 315$ Hz 的能量高,而雷雨云则相反。这一特征恰好说明农谚"闷雷下雹"的真谛。

第 5 章

冰雹云提前识别及预警

20 世纪 70 年代以来,中国在识别冰雹云方面总结出多种综合识别方法,这些方法是冰雹已经形成时的指标,对消雹作业指导力度不够。90 年代后,由于探测技术手段的提高及理论的不断完善,使预测降雹发生的水平有了很大提高,但是降雹具有很强的局地性,雷达观测资料与地面降雹时间、地点很难精确对应起来,使冰雹云的提前识别变得非常困难。目前对冰雹云的探测和识别研究在向两个方面发展:一是雷达的多参量化(偏振、多普勒),使其能收集到云中粒子的更多信息,以便更准确地识别冰雹云;另外就是云模式的应用,以观测为主,数值模拟为辅的效果检验方法,寻找冰雹云的早期特征。本章从理论、实践得出了渭北地区冰雹云提前识别的单一指标,该指标具有提前识别冰雹云特点。

5.1 冰雹云提前识别及预警技术

5.1.1 概念的提出

(1)识别冰雹云雷达回波强度值

统计发现,当 $Z<30$ dBz 时无冰雹产生(Z 为最强雷达回波强度);当 $Z \geqslant 30$ dBz 时,在以 5 dBz 为间隔的分级中,降雹概率随强度增加变化不明显;降雹时的平均回波强度为 $41\sim59$ dBz,雹云回波强度多在 45 dBz 以上;由于地域差异,据河南省 40 次冰雹云回波强度分析(张素芬等,1999),降雹时回波强度均不小于 40 dBz,最大可达到 60 dBz。实践表明:利用 50 dBz 以上雷达强回波作为识别冰雹云指标时常常出现漏报或已经形成降雹。因此利用数字化雷达强回波识别冰雹云的指标来看,取 40、45 dBz 两档较为合适(数字化雷达以 5 dBz 为间隔分级)。

(2)雷达回波强度与降雹关系

通过多年数字化雷达观测:雷达回波强度不高于 40 dBz 时没有降雹,进一步将冰雹云、雷雨云回波强度点聚在一张图上,可见冰雹云的强度绝大部分不低于 45 dBz,但是在 109 块雷雨云中,约有 30%的雷雨云回波强度也是大于 45 dBz,因此,仅利用雷达回波强度不能将冰雹云和对流云区分开。统计发现在宝鸡地区利用雷达强回波 45 dBz 识别冰雹云比较合适。

(3)45 dBz 识别冰雹云的物理意义

根据 Smith 等(1975)提出的云内最初冰雹增长为中数体积,水汽凝结体的直径是 0.4~

0.5 cm 的理论,使用通用的雷达气象方程和 Marshall-Palmer(1948)雨滴谱指数分布关系式推导得出:冰雹云初期等效雷达反射率因子为 44 dBz。由于所使用雷达以 5 dBz 分档,故为方便使用,以 45 dBz 作为冰雹预报的临界点。

当对流云中出现等效雷达反射率因子是 45 dBz 时,只说明云内存在 0.4 cm 直径的中数体积水汽凝结体,并不能认定为冰雹云。在 0 ℃ 层以下出现 45 dBz 时,该强回波区是中数体积直径大于 0.4 cm 的大水滴组成,地面只会出现降雨,在 0 ℃ 层以上出现 45 dBz 值,是由中数体积直径大于 0.4 cm 的冰粒子和水粒子混合存在,若云内上升气流较大时,45 dBz 高度继续升高,当伸到云体的中上部时,地面则产生降雹。

(4)冰雹云的提前识别指标的得出

通过宝鸡 1991—2003 年 165 d 231 块较强的对流云雷达回波 45 dBz 高度数值拟合(表 5.1),如提高识别指标高度漏报冰雹云增加,降低识别指标高度又会增加空报冰雹云个例。可见利用

$$H_{45 \text{ dBz}} \geqslant F(H_0) + 2.9(\text{km}) \tag{5.1}$$

识别冰雹云准确率高。式中,$H_{45 \text{ dBz}}$ 为雷达观测 45 dBz 强回波顶高,$F(H_0)$ 是 1991—2003 年降雹日 08 时 0 ℃ 层高度月平均值,它随不同地理位置、月份变化。

表 5.1　231 块对流云雷达强回波 45 dBz 高度与降雹日 08 时月平均 0 ℃ 层高度及所加高度数值拟合

$H_{45 \text{ dBz}} \geqslant$	$F(H_0)+2.7(\text{km})$	$F(H_0)+2.8(\text{km})$	$F(H_0)+2.9(\text{km})$	$F(H_0)+3.0(\text{km})$	$F(H_0)+3.1(\text{km})$
符合判据个例	135	126	121	115	113
实况降雹个例	119	118	117	113	111
空报个例	18	7	4	2	2
漏报个例	2	3	4	8	10

在 231 块对流云中,符合式(5.1)降雹判据的雷达回波 121 个,其中实况降雹 117 次;空报 4 个,漏报 4 个(无灾害)。各月的识别情况见图 5.1,指标线为据式(5.1)得出,各月识别冰雹云指标不同。另外,还有 32 块对流云从雷达上识别为冰雹云,但因没有相应的地面降雹反馈资料,无法确定而未统计在内。

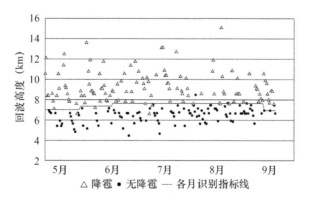

图 5.1　冰雹云、雷雨云 45 dBz 回波高度与指标的关系

如果利用气候平均 0 ℃ 层高度数值拟合,降雹时 45 dBz 回波高度在 0 ℃ 层以上 2.6 km 以

上时,符合该降雹判据的雷达回波 127 个,其中实况降雹 117 次;空报 13 个,漏报 4 个。

(5)降雹地面温度、0 ℃层高度与气候统计比较

通过比较 1991—2003 年 5—9 月 08 时平均 0 ℃层高度和 62 个降雹日(5 月 8 个、6 月 12 个、7 月 25 个、8 月 12 个、9 月 5 个)08 时平均 0 ℃层高度(表 5.2)可以看出:降雹时平均 0 ℃层高度除 5 月高于气候平均 0 ℃层高度外,其他各月均低于气候平均 0 ℃层高度,可见降雹时中高层冷空气活动较强,绝对值 6 月相差最小,仅相差 75 m,7 月相差最大,达到 355 m。

表 5.2　平凉 1991—2003 年 5—9 月降雹日 08 时平均 0 ℃层高度及 08 时气候平均 0 ℃层高度(单位: m)

月份	降雹日 08 时 0 ℃层月高度平均值 $F(H_0)$	识别冰雹云指标 $H_{45\,dBz} \geqslant F(H_0) + 2900$ m	08 时气候平均0 ℃层高度
5	4066	6966	3817
6	4416	7316	4491
7	4704	7604	5059
8	4730	7630	4951
9	4049	6949	4368
平均	4393	7293	4537

对 08 和 14 时的平均气温与降雹时的平均气温比较发现:降雹时各月的平均 08、14 时气温高于同期各月平均气温。降雹日 08 时平均气温为 21.0 ℃,高于 08 时气候同期平均气温(14.7 ℃),两者相差 5.3 ℃;降雹日 14 时平均气温为 29.6 ℃,高于同期气候平均气温(20.1 ℃),两者相差 9.5 ℃。可见降雹天气地面温度较高,特别是 14 时地面升温明显。

以上统计结果表明,降雹天气中、高层温度低,地面温度较高,特别是当日 14 时地面升温明显造成大气层结不稳定,容易触发对流。

5.1.2　单体、超级单体冰雹云的提前识别

通过 1991—2003 年宝鸡 41 个产生降雹并造成灾害的单体、超级单体、多单体、飑线中超级单体的雷达回波、地面降雹资料分析,对于单体和超级单体在现有的探测技术下可以始终"盯着",雷达强回波 45 dBz 高度对冰雹云具有提前识别的特点,而对于多单体和飑线中超级单体降雹,由于云团较多,相互联系复杂,甚至几块云发展都较强,无法精确判断是哪一块对流云降雹,该指标具有提前预警的作用。

图 5.2 为 1991—2003 年 24 块单体、超级单体降雹前 45 dBz 回波底、顶高度。可以看出:利用雷达强回波(45 dBz)高度识别冰雹云,对于单体冰雹云可以提前 3~28 min,平均提前 12 min 识别出冰雹云,而对于超级单体可以提前 1~39 min,平均提前 18 min 识别出冰雹云,对于单体合并可以平均提前 26 min。利用雷达强回波 45 dBz 识别冰雹云超级单体的平均识别时间长于单体,表现在雷达回波上,超级单体 45 dBz 平均底高为 4.40 km、顶高 8.90 km,高于单体的 45 dBz 平均底高 3.10 km、顶高 8.86 km。

雷达回波的平均 45 dBz 底部越高,提前识别的时间越长,顶部越高距离降雹时间越短,趋势线明显,如图 5.2 所示。因此,冰雹的形成可能从云体的中部开始,向上、向下发展而成。

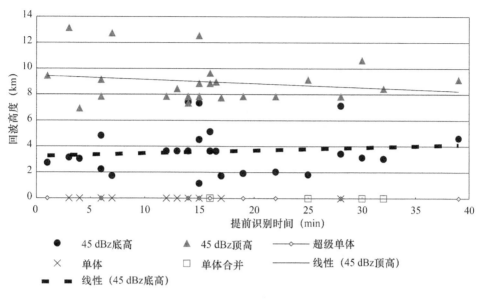

图 5.2　单体、单体合并、超级单体雷达 45 dBz 回波高度与提前识别时间

5.1.3　对多单体、飑线中超级单体降雹的提前预警

多单体风暴是由一些处于不同发展阶段的生命期短暂的对流单体所组成的系统,飑线是一线状对流系统,最初由对流单体组成,在中纬度通常由多单体风暴和超级单体风暴组成,这些单体之间存在着一定的联系,但降雹时难以判断是哪块对流云降雹,该识别方法可以预警,当雷达观测到初始 45 dBz 雷达强回波达到 0 ℃层以上 2.9 km 之上时,属于冰雹的酝酿阶段。

利用雷达强回波 45 dBz 对多单体冰雹云可以提前预警 7～32 min,平均提前预警 18 min,而对于飑线中的超级单体平均提前预警 25 min。表现在 45 dBz 雷达强回波高度上可以看出多单体 45 dBz 平均底高为 3.55 km,低于飑线中超级单体的平均底高 3.56 km。

对于多单体、飑线中超级单体 45 dBz 平均底部越高,提前预警的时间越长,顶部越高距离降雹时间越近,趋势与单体、超级单体得出的冰雹可能从云体的中部开始向上下发展形成的结论一致。

5.1.4　超级单体冰雹云的识别个例

段英和刘静波(1998)研究发现,超级单体、单体、多单体 3 种类型的雹云的成雹规律是相似的,超级单体之所以可以降大雹,主要是由于流型的稳定和长的生命期。

1999 年 8 月 22 日,宝鸡市陇县出现一次超级单体降雹,新集、固关、李家河局地降雹,冰雹直径 2～3 cm。由图 5.3 可以看出:平面显示中雷达强回波始终大于 45 dBz,而高度显示中的超级单体的初始回波 45 dBz 由中空形成,首次观测的 45 dBz 雷达强回波时间为 14 时 51 分,在这之前没有雷达回波记录。底部高度为 4.3 km,顶部高度 10 km,到 15 时 30 分首次降雹,这段 39 min 时间为冰雹的酝酿阶段,也是防雹作业的时机。

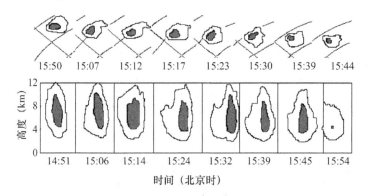

图 5.3　1999 年 8 月 22 日陇县超级单体降雹时雷达观测的
0 dBz 及 45 dBz 回波 PPI 及 RHI(PPI 仰角 3°,15 时 30 分开始降雹)

5.1.5　飑线超级单体冰雹云的提前预警

1999 年 5 月 24 日 14 时 30 分至 18 时 39 分,宝鸡市自西北至东南方向出现一次飑线冰雹天气。冰雹直径 15～30 mm,使近 2 万 hm² 农田受灾。

按云团在雷达上出现的先后顺序分为 A、B、C 三块回波。A 块回波在发展过程中没有产生降雹;B 块超级单体回波从生成到消散持续时间长,于 16 时 14 分、16 时 35 分分别在千阳县的高崖、麟游县的两亭、酒房产生降雹,冰雹直径 10～30 mm;C 块回波生成较晚,15 时 31 分雷达首次发现,仍为降雹云团,在发展南移过程中于 16 时 30 分造成陇县的城关、温水及宝鸡县西山上王、甘峪(17 时)降雹,冰雹直径 10～20 mm。

通过平面显示的 B 块回波(图 5.4)可以看出,回波形成后,PPI 超级单体强回波区的面积逐渐增大,强回波区周围不断有新的回波单体生成且回波强中心始终保持在 45 dBz 以上,为发展中的冰雹云回波。单从平面显示无法识别是否为冰雹云。C 块回波的 PPI 上在 16 时 29 分可以看到指状回波,此时地面降雹。

从 RHI 显示 B 块回波初期 14 时 50 分,45 dBz 底高 5.23 km、顶高 9.13 km,为冰雹云回波,在以后的发展过程中 45 dBz 顶高逐渐升高,底高逐渐降低,面积逐渐扩大,云体强中心始终保持 50 dBz 以上,在 16 时 15 分可以明显看到为冰雹云回波。从 15 时 37 分对流云进入陇县北部到千阳县 16 时 14 分的降雹,提前识别(预警)冰雹云 37 min,这段时间为冰雹的酝酿阶段,属于防雹时机。

利用雷达强回波 45 dBz 高度识别冰雹云,因平均 0 ℃层高度随月份不同而识别冰雹云指标不同,该指标还包含了雷达回波强度,雷达强回波高度,0 ℃层以上高度等,物理意义更加明确。该识别方法对单体、超级单体冰雹云具有提前识别特征。对单体平均提前识别冰雹云 12 min,对超级单体平均提前识别冰雹云 18 min。对多单体冰雹云由于很难判断是哪一块对流云降雹,平均提前预警 18 min,而对飑线中超级单体中的冰雹云,平均提前预警 25 min。对单体、超级单体、多单体、飑线中超级单体的统计结果表明,雷达强回波的 45 dBz 平均底部越高,提前识别的时间越长,顶部越高距离降雹时间越短,因此冰雹的形成可能是雷达强回波从云体的中部开始,向上下扩展形成。雷达观测上当雷达强回波 45 dBz 出现且位置较高时为冰雹云的初始回波,应加密观测,适时组织人工防雹作业。

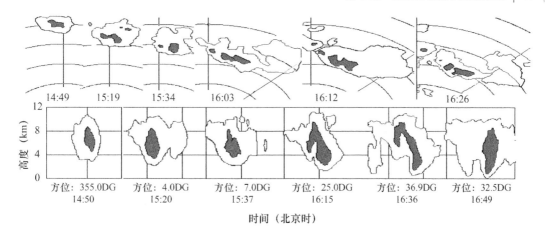

图 5.4　1999 年 5 月 24 日陕西陇县飑线中超级单体 B 块冰雹云 PPI 及
RHI 的 0 dBz 及 45 dBz 雷达回波演变(PPI 仰角 3°,16 时 14 分开始降雹)

5.2　冰雹云与对流暴雨云的区别

局地强对流暴雨与冰雹天气共同的特点是:来势猛、强度大、持续时间短。在防雹工作中,利用高、低层气象资料、卫星云图及本站的雷达回波,在对流发展初期,准确及时地加以区别,可提高高炮防雹效果,避免炮弹浪费。所用的对流性暴雨个例为 1995 年 8 月 10 日,当日 20 时到 8 月 11 日 02 时凤翔县出现了降水量 112 mm 的大暴雨,相邻的宝鸡县、千阳、麟游出现了大于 50 mm 的暴雨;冰雹个例为 1994 年 7 月 3 日,当日 17 时前后陇县的关山、固关、岔里沟等地出现了直径为 20 mm 的冰雹,受灾 97.58 hm²,成灾 67.40 hm²,经济损失 150 万元。

5.2.1　局地强对流暴雨与冰雹的环流场特征

(1)高空环流场特征

副热带高压(以下简称"副高")588 dagpm 等值线的位置为不同的天气过程提供了大尺度环流背景。如图 5.5a 所示,强对流暴雨前期,8 月 10 日 08 时 500 hPa,副高 588 dagpm 线北进到 44°N,西伸到 104°E,使陕西大部分地区处于副高控制下,并且在河套东部的太原、郑州,形成东西 6 个经度,南北 4 个纬度的闭合 592 dagpm 阻塞高压,使从西而来的北支高空槽移速减慢,北支槽从 9 日 08 时到 10 日 08 时移动了 14 个经度,而从 10 日 08 时到 11 日 08 时只移动了 4 个经度。

对流性冰雹天气 7 月 3 日 08 时 500 hPa 形势如图 5.5b。副热带高压偏南偏东,副高北界在 38°N,588 dagpm 线在青岛、蚌埠一线,592 dagpm 线高压闭合中心在(25°—35.5°N,113.5°—136°E),使得由(110°E,45°N)蒙古低压及呼和浩特—西安—成都的引导槽南压东移的速度同样减慢。7 月 2 日 08 时到 7 月 3 日 08 时蒙古低压南移 9 个纬度、引导槽东移 11 个经度,而 7 月 3 日 08 时到 7 月 4 日 08 时蒙古低压只南压 3 个纬度,而引导槽向东移动了 3 个经度。

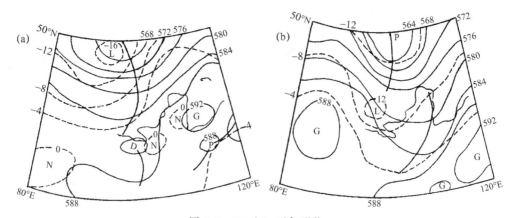

图 5.5　500 hPa 天气形势
(a. 1995 年 8 月 10 日；b. 1994 年 7 月 3 日)

（2）温度槽、冷平流为不同的天气过程提供了冷、暖层结构

强对流暴雨前的 10 日 08 时从 500 hPa 到低层地面陕西省处于副高边缘的偏西南到东南的气流控制之下，最大风速 18 m/s，整层为暖性结构。冰雹天气从 500 hPa 到低层 850 hPa 有冷空气活动，处于槽后的西北气流控制之下，最大风速 26 m/s，地面由于局地增温形成暖性结构。

（3）中、低层物理量场特征

对流性暴雨前期从低层到高层能量均处于高值递减区，且比冰雹天气的能量高，而冰雹的总能量从低层到高层变化不大，但总能量仍较大（表 5.3）。

表 5.3　暴雨与冰雹天气当日 08 时各层总温度（℃）

	1995 年 8 月 10 日暴雨天气			1994 年 7 月 3 日冰雹天气		
	500 hPa	700 hPa	850 hPa	500 hPa	700 hPa	850 hPa
平凉	62.5	70.3	76.3	55.9	57.8	52.5
汉中	60.6	65.4	75.3	56.3	55.8	59.4
西安	59.6	66.2	82.8	56.7	58.3	57.7

（4）中、低层水汽含量的特征

这两次强对流天气的共同特点是：上干下湿的水汽垂直分布，而且在当日 08 时 700 hPa 天气图上，暴雨与冰雹落区及附近均为水汽通量的辐合区或辐合中心，低层水汽的堆积为暴雨和冰雹提供了充沛的水汽条件。不同之处在于：暴雨天气的同层水汽含量明显比冰雹天气的同层水汽含量高。从平凉探空资料分析，850、700 hPa 暴雨比冰雹的水汽含量高出将近一倍（表 5.4）。

表 5.4　暴雨与冰雹天气当日 08 时各层水汽含量（g/kg）

	1995 年 8 月 10 日暴雨天气			1994 年 7 月 3 日冰雹天气		
	500 hPa	700 hPa	850 hPa	500 hPa	700 hPa	850 hPa
平凉	3.71	11.35	16.74	2.02	6.29	9.98
汉中	2.92	10.26	16.22	2.19	6.76	11.77
西安	2.92	9.58	18.96	1.60	6.29	10.32

(5)不稳定能量场的特征

从当日 08 时汉中、西安、平凉三站的沙氏指数分析三站冰雹天气 1994 年 7 月 3 日沙氏指数最小的站为汉中，$SI=1.3$；而对流性暴雨 1995 年 8 月 10 日沙氏指数最小的站为西安，$SI=-4.7$。因此，对流性暴雨的能量场更具有不稳定性。

(6)地面形势场特征

不同的天气过程，地面要素场的分布具有明显的差异，8 月 10 日 08 时对流性暴雨的地面形势图上冷锋位于银川、兰州一线，冷锋后部配合有阵雨，24 h 最大变压＋18 hPa。冰雹天气 7 月 3 日 08 时地面形势图上冷锋位于银川、兰州的西侧，锋后没有雨区配合，14 时冷锋已移过兰州，在冷锋后有成片雷暴区 99°～103°E，34°～38°N，已显示了对流的活跃。另外，暴雨天气前期从 6 日开始，宝鸡站最高气温维持在 32 ℃以上。冰雹天气地面升温明显，从 7 月 2 日 14 时到 7 月 3 日 14 时宝鸡站气温从 25 ℃升至 32.3 C，地面的急剧升温，加之高空系统配合，形成局地热对流，进而形成冰雹。

5.2.2　雷达回波特征

(1)PPI 特征

8 月 10 日晚 20 时暴雨回波位于宝鸡市陇县的东风、千阳的上店、凤翔的汉丰，呈西北一东南带状分布，整体向西南方向移动，移速 19 km/h。从 21 时 30 分到 23 时 05 分对流云团一直维持在凤翔及宝鸡县的八鱼、潘溪地区，雷达回波最大强度维持在 60 dBz 以上；从 23 时 30 分开始云体又以西北一东南向的带状形式向东北方向移去，移速 17 km/h。强对流云体在凤翔滞留 3 h 30 min 是造成这次大暴雨的主要原因。1994 年 7 月 3 日冰雹天气的回波为对流单体，14 时 30 分云体位于甘肃的华亭，以分散的单体存在，稳定少动，回波最大强度40 dBz，以后逐渐合并为一整体向东南方向移动，移速增至 36 km/h，移到宝鸡市陇县唐家河，回波最大强度增至 55～60 dBz。冰雹云继续向东南方向移动中造成了陇县的关山、固关、岔里沟等地的降雹天气。冰雹天气回波比暴雨回波移速快。

(2)RHI 特征

共同特点是云体高耸，回波强度大，不同之处在 45 dBz 的高度决定了暴雨还是冰雹。如图 5.6a 这次暴雨天气雷达回波的云顶最高 15.0 km，最低 12.0 km，首次观测时云体已接近地面，地面有明显的降水，而图 5.6b 冰雹天气的对流云顶最大高度 13.0 km，且从 14 时 48 分至 16 时 45 分，云底一直距地面 2 km 以上，利于冰晶的增长。

冰雹天气与高、低空西北路径的冷空气活动有关。高、低层冷空气强，有利于形成冰雹，而形成暴雨除高、低空冷空气配合外，必须有暖湿的西南水汽的输送。对流性暴雨与冰雹天气的最大区别是暴雨的中、低层水汽含量高，能量大。在短时监测上雷达的高度显示特征更能准确地区分二者，45 dBz 高度小于 8.0 km 且接近地面一般为暴雨。

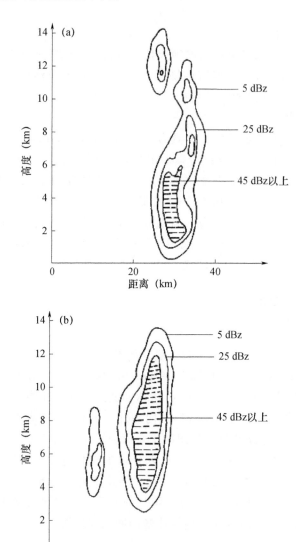

图 5.6　RHI 显示

(a. 1995 年 8 月 10 日 20 时 49 分；b. 1994 年 7 月 3 日 16 时 41 分)

第6章

降雨卫星云图、雷达回波特征

卫星云图和雷达回波不仅在短时、临近预报中具有重要预警作用,在人工影响天气作业指挥中也具有重要的指导作用。人工影响天气主要对云层的微物理过程施加影响,以实现人工增雨的目的。由于对各种对流云、层状云降雨时机理认识不足,缺乏实时作业指挥时需要的云物理的微观探测资料,因此只能借助天气形势、卫星云图、雷达回波等反映的云层特征,通过以往建立的人工增雨作业概念模型,在适当的作业时机和云层部位,采用适当的催化剂量开展人工增雨作业,实现人工增雨的目的。

6.1 卫星云图特征

卫星云图能在更大范围使人们了解、监测云层变化。根据卫星云图的云状、移动方向、结构特征等,将卫星云图分为带状云系、云线、对流云、细胞状云系、逗点云系、斜压叶状云系、涡旋云系等7种,通过对陕西2008—2010年3—10月166个降水天气过程分析,引起降雨的卫星云图主要为叶状斜压云系、逗点云系底部、细胞状云系、对流云团、带状云系、云线6种。各种云层分布如表6.1所示。

表 6.1　降雨卫星云图的分类

云系类别	过程个例	占过程百分比	平均过境(关中)时间(h)	最大降雨量(mm)
叶状斜压云系	71	42.8%	35.3	15.4
带状云系	12	7.2%	22.8	11.1
逗点云系	30	18.1%	45.8	23.0
细胞状云系	21	12.7%	20.6	2.8
对流云团	30	18.1%	42.7	18.1
云线	2	1.2%	48.5	
合计	166	100%		

6.1.1 叶状斜压云系

卫星云图上,常见到一种与高空斜压区相联系的云系,表现为"叶子状"的云型,称之"斜压叶状云系"。这种云系与西风带中的锋生区或气旋生成有关,并在红外云图上表现得最清楚。斜压叶状云系是陕西主要降雨云系,当相应斜压叶状云系的高空槽振幅加大时,槽后偏北气流加大,并侵入斜压叶云区。由于高空干冷的下沉气流作用,使得云区西北一侧的云顶降低变暖,这时其"S"形后边界更明显(图 6.1)。由于高空西北气流以气旋性方式侵入云区,最后斜压叶云系演变成涡度逗点云系。

图 6.1 斜压叶状云系特征(见彩图)

斜压叶状云系,平均跨度 14.1 个经度,12.9 个纬度,从进入陕西到移出陕西的时间为 4~124 h,平均过境时间 35.3 h,平均最大降雨量 15.4 mm,降雨比较均匀,适合地面和空中人工增雨作业。

6.1.2 细胞状云系

细胞状云系是由于冷空气受到下垫面的加热,并在较好的条件下形成的。例如,当冬季洋面冷锋后面的冷空气从大陆进入海面,受到暖的海面加热,在海面与气温相差大的地区,形成开口(未闭合)细胞状云系(图 6.2),在海面温度相差较小的地区形成闭合细胞状云系。这种细胞状云系的直径为 40~80 km,由于尺度较大,一般不易在地面上观测到。凡是出现细胞状云系的地区,风速垂直切变都较小,如果风垂直切变较大,细胞状云系也就被破坏。

陕西细胞状云系出现在 3—5 月,特点是散乱,平均进入和移出陕西的时间 20.6 h,平均降雨量 2.8 mm,从经济角度看,不适合人工增雨作业。

6.1.3 逗点云系

它是由于大气的非均匀旋转使云块变形而形成的。逗点云系比较强大,是主要的降雨云系(图 6.3)。从进入陕西到移出陕西的时间为 12~141 h,平均过境时间 45.8 h,平均最大降雨量 23.0 mm,逗点云系的前部常有对流云,夏季对流活跃,不适合飞机人工增雨作业,可以进行地面作业,在逗点云系的中部,云层变化平稳,适合飞机、高炮、火箭人工增雨作业,在逗点云系的尾部,冷空气比较活跃,云层逐渐消散,属于云层的消散阶段,自然降雨条件较差,不适合人工增雨作业。

图 6.2　细胞状云系特征(见彩图)

图 6.3　逗点云系底部特征(见彩图)

6.1.4　对流云团

云团是产生暴雨和强对流天气的一种重要中尺度系统。云团是由多个大小不等的积雨云、混合性云或积云与层云相嵌出现的云族组成,云团的形状依赖于对流单体的强度、大尺度流场背景以及产生云团的扰动强度等因子(图 6.4)。陕西对流云团出现了 30 个个例,过程平均持续 42.7 h,过程过境最短时间 7 h,最长 127 h,连续几天出现对流天气,日平均降雨量 18.1 mm,可以开展地面作业,从安全角度看不适合飞机增雨作业。

6.1.5　带状云系

一种相对宽而连续的云型称之为带状云系,属天气尺度云系,结构密实(图 6.5),带状云系从进入陕西到移出陕西的时间为 14～35 h,平均过境时间 22.8 h,降雨均匀,平均降雨量 11.1 mm,适合人工增雨作业。

图 6.4　对流云团特征(见彩图)

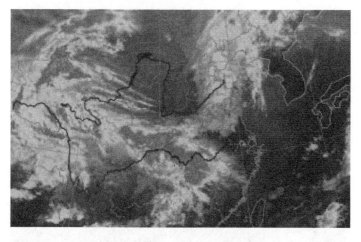

图 6.5　带状云系特征(见彩图)

6.1.6　云线云系

属天气尺度,只有 2 个个例,比较少见。

6.2　雷达回波特征

6.2.1　孤立对流云雷达回波特征

孤立对流云是指成熟时只有一个对流核心,周围 60 km 内无其他对流块发展的对流云, PPI 上的尺度 5～40 km,长宽相当,无明显线状回波。雷达回波资料分析时以一次对流系统回波发生、发展和消亡的整个过程记为一次个例,同一天不同时段出现的对流演变过程,则分别记为不同的个例。

普查 2000—2006 年洛川雷达探测资料后,选择 117 例的孤立对流云雷达回波资料进行分类分析。孤立对流云雷达回波组织演变模型分为 3 类,即少动单体、移动单体和合并单体。

少动单体。少动单体初生时为孤立的小对流,初生回波在 PPI 上水平尺度 2~5 km,发展过程中尺度增大,高度增高,60 km 内无其他对流回波。成熟时 PPI 上回波水平尺度 5~10 km,RHI 回波顶高 5 km,45 dBz 回波高度一般 2~4 km,回波柱的顶部没有明显的层状云云砧,从发展到成熟对流回波的位置变化小于 5 km。对流回波局地生成,原地消亡,整个生命史中对流回波几乎不移动。

移动单体。移动单体初生时回波就移动,在初生和发展阶段其他特征与少动单体相似。其初生到成熟回波位置变化大于 5 km,RHI 回波柱通常向移动方向倾斜,回波柱的顶部有明显拖曳的层状云云砧,云砧向后延展 5~10 km。成熟时 PPI 上回波尺度 5~15 km,RHI 上回波顶高 8~12 km,45 dBz 回波高度 4~6 km。生消过程中对流回波 60 km 范围内无其他对流回波发展。

合并单体。合并单体初生时在 PPI 上 10~30 km 范围内邻近初生 2~4 个尺度为 2~5 km 的单体,发展中慢慢接近,最终合并成具有一个强回波中心的对流单体,周围 60 km 范围内无其他对流回波发展。成熟时 PPI 上回波水平尺度 10~30 km,RHI 上回波形态与移动单体相似,回波顶高 8~12 km,45 dBz 回波高度一般 6~10 km,强对流回波柱顶部的层状云云砧向移动方向的后部伸展 10~20 km。在其他类型对流系统中也可能同时存在多单体合并过程,但不是主要的特征,不归入此类。

(1)孤立对流云发生频次

洛川地区孤立对流云 7 年发生的次数,少动单体、移动单体和合并单体的发生次数分别为 47、59 和 11 次,可见少动单体和移动单体是洛川地区孤立对流的最常见形式(分别占总孤立单体对流的 41% 和 50%)。各类孤立对流每年出现的频次变化较大,甚至合并单体在有些年份不发生。

(2)孤立对流云日变化

3 类孤立单体发生的主要时段为 12—18 时,22 时至次日 10 时没有孤立单体发生。

(3)孤立对流云生命史及降雹

少动单体的生命史最短(1~2 h),平均 1.6 h。移动单体平均生命史为 2.3 h。合并单体的生命史最长(2~3.5 h),平均 2.6 h,最大水平尺度指 1 次孤立对流云生消过程中,0.5°仰角 PPI 上回波的最大尺度。少动单体、移动单体和合并单体的最大水平尺度依次增大,其平均最大水平尺度分别为 7.42、11.76 和 19.55 km。最大回波顶高指 1 次孤立对流单体的生命史中,在 RHI 上强回波外围 15 dBz 强度回波出现的最大高度。少动单体的最大回波顶高最低,平均 7 km。合并单体最大回波顶高最高,平均 10.6 km。移动单体和合并单体中发生降雹的个例最大回波顶高差异较小,为 8~12 km。少动单体中发生降雹的个例最大回波顶高为 6~10 km。

孤立对流云出现降雹的次数和概率。少动单体共出现 47 次,降雹 3 次,是渭北降雹概率最小(6%)的一类。此类单体出现的位置比较固定,对流系统的生命史短,水平尺度小,降雹范围小,冰雹直径 1～5 mm。雹灾范围常为个别乡镇,灾情很轻。移动单体的降雹概率为 31%。老单体消亡后,前方有新单体生成,这样对流系统传播的路径常常超过 100 km,传播路径上几乎都有降雹,雹灾的范围比较大。出现的 18 次降雹过程中,区域降雹 9 次,灾情较重。此类对流常伴随有大风(回波柱倾斜比较严重),大风也给农作物带来较重灾害。

合并单体是孤立单体对流中发生最少(共 11 次)的一类,但降雹概率却是单体类型里最高的(36%)。受灾程度轻重不一。2000 年 6 月 16 日的区域降雹,造成 5 个县受灾严重,其中洛川县 6 个乡镇 23 个行政村受灾,受灾苹果种植区 1 万 hm²、烤烟 227 hm²。

6.2.2 层状云雷达回波特征

对关中 1998—2007 年 213 d 398 个 711 雷达降雨性层状云雷达回波分析,其中冷云 8 d 15 例,暖云 30 d 43 例(以探空站的 0 ℃层高度为标准),稳定性层状 57 d 121 例,混合性层状云 117 d 219 例。冷云在冬季及初春容易出现,暖云在 4—9 月易出现,有融化层的层状云降雨根据雷达探测融化层下有无下挂回波又分为混合性层状云降雨和稳定性层状云降雨。暖云可以发展形成稳定性层状云降雨,降雨量量级较小,一般为小雨;也可发展形成混合性层状云降雨,降雨量量级较大;混合性层状云降雨随着降雨时间的延长可以转化为稳定性层状云降雨。

冷云云体温度低于 0 ℃,此类云层 711 雷达 PPI 特征是由中心向外强度逐渐减弱,层次分明,RHI 特征由近到远回波强度呈辐射状递减,有时云顶高度达到 8.5 km,云顶有凸起,回波最大强度不超过 50 dBz,一般强度 40 dBz,地面降雨(雪)量级较小,24 h 降雨(雪)不大于 4.0 mm。

暖云云顶温度高于 0 ℃,在 711 雷达上 PPI 上回波强度较弱,或云层分散,孤立;RHI 显示云顶高度一般为 4.0 km 左右,较低,强回波区接近地面,无融化层,降雨量量级较小,24 h 降雨量不大于 6.0 mm。

6.2.2.1 稳定性层状云降雨雷达回波特征

稳定性层状云降雨 2—11 月均可出现,3—6 月和 9 月出现个例较多,7 月出现个例最少。近距离处 PPI 强回波区分布均匀,抬高仰角可观测到融化层亮带;RHI 显示融化层明显,融化层回波强度较强,有时强回波区可水平延伸到 40 km,融化层上、下均无强回波区,回波层顶高度一般在 4.9 km 以上。云层稳定、降雨均匀,日降雨量不大于 15 mm,适合高炮、火箭、飞机人工增雨作业。

在稳定性层状云降雨中(表 6.2),雷达回波最大强度变化范围为 15～70 dBz,变化幅度较大。4 和 9 月雷达回波最大平均强度为 51 dBz,6 月 7 月平均最大回波强度较小,分别为 32、43 dBz,可能的原因是:9 月连阴雨较多,降水较强,6、7 月对流活跃,不易出现稳定性层状云降雨。回波最大强度的差距 7 月最小,相差 10 dBz,3 月回波最大强度的差距最大,为 15～60 dBz,相差 45 dBz。(数字化后的 711 雷达回波强度明显增大。将 2006—2007 年 10 例宝鸡 711 雷达和西安 C 波段雷达观测的同一稳定性层状云降雨云层对比发现,711 雷达回波强度大于 C 波段雷达回波强度,回波强度相差 10～20 dBz)。

由于 711 雷达电磁波在云层中衰减明显,雷达观测稳定性层状云的距离为 25～105 km

（半径），平均最远探测距离为 41.9～72.8 km。

稳定性层状云降雨回波顶高度变化范围为 4.9～11.1 km，平均高度变化范围为 6.9～9.0 km，3—7 月平均高度增加，随后降低，变化趋势明显。冷层厚度变化范围为 1.8～6.7 km，平均厚度为 3.9～5.5 km。暖层厚度变化范围为 0.5～4.8 km，平均厚度在 1.3～4.1 km，夏季（6—8 月）平均气温高，因此暖层较厚，平均为 3.5～4.1 km，3 月气温逐渐回升，融化层从无到有，平均暖层厚度 1.3 km，为最薄月份；暖层最小厚度出现在 3 月 12 日，为 0.5 km，接近地面，最大厚度出现在 8 月为 4.8 km。

融化层高度为融化层中心位置到地面的海拔高度，变化趋势与暖层相似。总体来说，稳定性层状云平均冷层厚度大于暖层厚度，更适宜飞机增雨作业。

通过统计，日降雨不低于 5 mm 适合人工增雨的稳定性层状云降雨雷达回波特征为：雷达回波平面显示（PPI）云层结构密实，范围大于 30 km，雷达回波强度不低于 30 dBz；高度显示（RHI）回波顶高度不低于 4.9 km，15 dBz 雷达回波高度不低于 4.5 km，或者融化层明显，雷达回波强度不低于 30 dBz。

表 6.2　1998—2007 年 3—9 月稳定性层状云降水雷达回波 7 种参数统计

回波月份	3 月		4 月		5 月		6 月		7 月		8 月		9 月	
	平均	变化范围	平均	变化范围	平均	变化范围	平均	变化范围	平均	变化范围	平均	变化范围	平均	变化范围
回波最大强度(dBz)*	48	15～60	51	40～60	44	25～60	32	25～45	43	40～50	47	30～65	51	30～70
PPI 最大距离(km)	48.6	36～60	41.9	25～70	42.8	25～80	50.4	25～80	72.8	30～80	49.0	40～70	56.2	25～105
回波顶高度(km)	6.9	5.6～9.1	6.9	4.9～9.1	7.4	5.2～9.2	8.6	6.6～11.1	9.0	8.4～9.2	8.9	6.6～10.1	7.7	5.6～10.6
融化层高度(km)	1.9	1.1～2.8	2.6	1.6～3.4	3.3	1.6～4.4	4.2	3.6～5.0	4.2	4.4～4.4	4.7	4.4～5.4	3.8	3.0～4.8
冷层厚度(km)	5.5	4.0～6.5	4.3	2.2～6.7	5.3	1.8～6.2	4.6	2.9～6.5	4.8	4.7～5.0	4.1	2.0～5.7	3.9	2.5～6.6
暖层厚度(km)	1.3	0.5～2.2	2.0	1.0～2.8	2.6	1.0～4.4	3.8	2.0～4.4	3.5	2.0～3.8	4.1	3.8～4.8	3.1	2.4～4.2
冷层厚度与暖层厚度之比	4.2		2.2		2.0		1.2		1.4		1.0		1.3	

注：* 表示仅供参考。

6.2.2.2　混合性层状云降雨雷达回波特征

混合性层状云降雨是最常见的降水云系，占统计资料的 57%，多发生在春季后期、夏季、秋季。日降雨量较大，一般在 15 mm 以上。在雷达 PPI 上有明显的多处强回波区域，在 RHI 上融化层明显且位置偏高，由于受近地面风切变的影响，融化层以下与融化层相连的柱状下挂回波明显，且明显倾斜或呈规律性锯齿型排列，更适合高炮、火箭人工增雨作业。

混合性层状云有 112 d 224 个个例，通过分月份统计（表 6.3）后可知：混合性层状云雷达回波强度在 25～70 dBz，平均回波强度除 3 月为 58 dBz（个例较少仅两天）外，其他月份为 48～51 dBz，变化平稳。711 雷达回波衰减明显，平均探测距离为 46～56 km，最远探测距离为 117 km（半径），雷达回波衰减 15 dBz 后可以探测平均距离为 31～41 km。

混合性层状云回波顶高度变化趋势明显，回波顶高度变化范围为 4.8～11.6 km，平均高度 3 月最低，为 6.1 km，然后逐渐升高，7 月最高，达 9.1 km，随后平均回波顶高度逐渐降低；回波顶最大高度与最小高度 3 月相差较小，为 1.0 km，7 月相差较大，在 6.1～11.6 km，相差 5.5 km；回波顶高度最高出现在 7 月为 11.6 km。

融化层高度变化趋势明显，融化层平均高度变化范围为 1.9～4.7 km，由 3 月开始融化层平均高度逐渐抬高，8 月最高达 4.7 km，随后平均融化层高度降低；融化层高度最低为 1.1 km，出现在 3 月，融化层高度最高为 5.4 km 出现在 7 月；融化层高度 8 月变化区间较小，高度差 0.8 km，9 月融化层高度相差最大，变化区间为 1.6～5.6 km，相差 4.0 km。冷层厚度变化平稳，趋势不明显，平均厚度为 3.6～4.5 km，最薄厚度为 1.4 km，出现在 8 月，最厚厚度为 8.5 km，出现在 6 月。暖层平均厚度变化趋势明显，3 月最低为 1.3 km，8 月最高 4.1 km，随后暖层厚度降低，暖层厚度最薄为 0.5 km，出现在 3 月，暖层厚度最厚为 4.7 km，出现在 7 月。

混合性层状云降雨除 8 月外其他各月平均冷层厚度大于暖层厚度。各月冷层厚度较厚，适合大范围人工增雨作业。高度显示（RHI）受近地面风切变的影响，混合性层状云融化层以下均有柱状强回波区，与融化层相连（简称下挂回波）。统计分析 2000—2003 年 43 d 58 例混合性层状云降雨 RHI 雷达回波表明：60 km 之内出现的下挂回波数为 1～7 个，平均 2.61 个，下挂回波的最大厚度为 5 km，最小为 2.5 km，平均厚度为 3.79 km，下挂回波的强度、多少与降雨量有关，呈锯齿形分布排列的下挂回波，向一个方向移动可造成一个地区的强降雨。下挂回波的最大强度 65 dBz，最小强度 15 dBz，平均强度为 39 dBz。

表 6.3　1998—2007 年 3—9 月混合性层状云降水雷达回波 7 种参数统计

回波特征	3 月		4 月		5 月		6 月		7 月		8 月		9 月	
	平均	变化范围	平均	变化范围	平均	变化范围	平均	变化范围	平均	变化范围	平均	变化范围	平均	变化范围
回波最大强度(dBz)*	58	55～60	48	25～60	49	25～60	48	30～60	48	25～65	48	25～70	51	25～70
PPI 最大距离(km)	56	40～63	46	20～70	52	32～83	52	25～100	54	15～117	51	28～83	53	23～85
回波顶高度(km)	6.1	5.6～6.6	7.3	5.6～9.4	7.6	4.8～9.1	8.6	6.1～10.6	9.1	6.1～11.6	8.3	6.2～11.6	8.0	5.1～9.8
融化层高度(km)	1.9	1.1～2.6	3.0	2.0～3.6	3.8	2.4～4.6	4.3	3.1～5.1	4.6	3.6～5.4	4.7	4.2～5.0	4.1	1.6～5.6
冷层厚度(km)	4.3	4.0～4.5	4.3	2.1～6.1	3.9	1.6～5.5	4.2	1.6～8.5	4.5	1.9～7.2	3.6	1.4～6.6	3.9	1.6～6.0
暖层厚度(km)	1.3	0.5～2.0	2.4	1.4～2.9	3.1	1.8～4.0	3.7	2.5～4.4	3.9	3.2～4.7	4.1	3.8～4.4	3.4	1.0～4.8
冷层厚度与暖层厚度之比	3.3		2.4		1.3		1.1		1.2		0.9		1.1	

注：* 表示仅供参考。

通过统计，日降雨量不低于 5 mm 适宜人工增雨的混合性层状云雷达回波特征为：PPI 有明显强中心，回波顶高度不低于 5 km，回波强度不低于 30 dBz，15 dBz 回波宽度不低于 25 km；或者融化层明显，雷达观测融化层下下挂回波明显倾斜或呈锯齿形排列。

6.2.2.3　稳定性层状云与混合性层状云综合分析

一般来说，稳定性层状云降雨日降雨量小于混合性层状云，表现在雷达回波上可以看到：稳定性层状云降雨的雷达平均回波强度、PPI 最大探测距离、回波顶高度、0 ℃层高度、暖层厚度小于混合性层状云；而稳定性层状云平均冷层厚度、冷层与暖层之比大于混合性层状云。另外，混合性层状云下挂回波明显（表 6.4）。

表 6.4　1998—2007 年稳定性层状云、混合性层状云降水的雷达回波参数综合统计

云层性质	混合性层状云	稳定性层状云
平均回波最大强度(dBz)*	49	46
平均 PPI 最大距离(km)	52.03	50.52
平均回波顶高度(km)	8.24	7.58
平均冷层厚度(km)	4.07	4.31
平均 0 ℃层高度(km)	4.17	3.26
平均暖层厚度(km)	3.54	2.62
平均冷层厚度 与平均暖层厚度之比	1.15	1.65

注：* 表示仅供参考。

6.2.2.4　层状云雷达回波其他特征对降雨的影响

(1)融化层厚度及对降水的影响

融化层(俗称 0 ℃层亮带)厚度：在层状云降雨中，雷达回波 RHI 上呈水平分布，大于背景强度的回波厚度，一般取 10 km 处强度为 20 dBz 的回波厚度。稳定性层状云平均融化层厚度变化明显，6 月最高，平均厚度 0.76 km，混合性层状云融化层平均厚度变化比较平稳(图 6.6)。

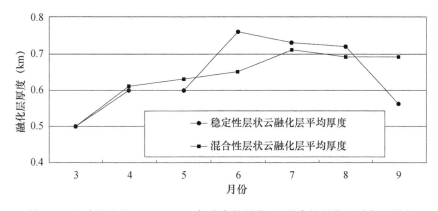

图 6.6　宝鸡雷达站 1998—2007 年稳定性层状云、混合性层状云融化层厚度

在层状云降雨过程中，融化层强回波区厚度与地面雨强关系密切，同一性质层状云降雨雷达回波融化层强回波区厚度越厚，雨强越大。如凤翔 2001 年 9 月 20 日混合性层状云降雨回波 12 时 49 分、14 时 50 分，雷达观测融化层强回波区厚度为 1.0 km，对应的 12—13 时、14—15 时雨强分别为 2.8 和 2.7 mm/h；而宝鸡 2000 年 8 月 21 日混合性层状云降雨回波，14 时 54 分雷达观测融化层强回波区厚度为 0.6 km，14—15 时和 15—16 时雨强分别为 0.3 和 0.5 mm/h。

统计 2000—2004 年 34 d 57 个稳定性层状云降雨融化层厚度与降雨量关系，可以看出：融化层平均厚度为 0.4、0.6、0.8 和 1.0 km 时，对应的平均小时降雨量为 0.77、1.73、1.78 和 1.80 mm，稳定性层状云融化层厚度越厚，雨强越大，而当融化层厚度在 0.6 km 以上时，

降水量量级变化不大。

(2)雷达观测的云体细微特征与降水的关系

关中层状云降水多为由西北冷空气向东南推进的冷锋天气过程。在雷达回波图上,能够观测到融化层以下有明显的倾斜特征。云体远离雷达方向上,云团上层远离雷达,下层云体靠近雷达,在云体移近雷达的方向上,上层云团靠近雷达,下层云体远离雷达,有时上、下偏离达 10 km 以上,偏离越大,降雨量越大(图 6.7)。分析 2001 年 9 月 20 日 20 时宝鸡地面及平凉探空资料,可以看出:20 时地面为东南风,风速 4 m/s,700 hPa 为西南风,风速 8 m/s,500 hPa 为偏西西南风,风速 8 m/s,400 hPa 为偏西风,风速 12 m/s。因此,中空的西南气流提供了充足的水汽条件,地面东风与 700、500 hPa 高空西风形成的切变使雷达回波明显倾斜。

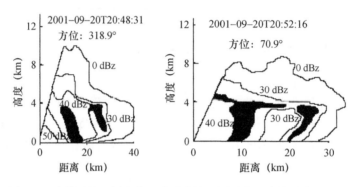

图 6.7 冷锋过境不同方位宝鸡雷达站观测到的混合性层状云 RHI 回波中云团明显倾斜图像(由外到里依次为 0、30、40 和 50 dBz)

6.2.3 新一代天气雷达特征

新一代天气雷达按照降雨时的回波强度和尺度范围分为稳定性层状云、混合性层状云和对流云,所谓层状云,是指水平尺度远大于垂直尺度的云团,由这种云团所产生的降水称之为层状云降水。层状云降水区具有水平范围较大、强度比较均匀和持续时间较长等特点。

稳定性层状云在平显(PPI)上雷达回波强度不大于 30 dBz,多出现在春、秋两季,降水回波范围比较大,呈片状、边缘零散不规则、强度不大但分布均匀、无明显的强中心等特点。在高显(RHI)上,稳定性层状云降水回波顶部比较平整,没有明显的对流单体凸起,底部及地,强度分布比较均匀,因此色彩差异比较小。一个明显的特征是经常可以看到在其内部有一条与地面大致平行的相对强的回波带。进一步的观测还发现这条亮带位于大气温度层结 0 ℃层以下几百米处,称之为 0 ℃层亮带。

混合性层状云(也称混合型降水回波)在平显(PPI)上回波强度大于 30 dBz,其特征为:大片均匀片状的回波中,可以明显地看到一些块状结构的积状云降水回波,整个回波区呈现出絮状结构。在 RHI 上,在平坦的回波顶上鼓起一个个对流回波单体。

利用 2008—2010 年 3—10 月西安新一代天气雷达资料,分析了 322 d 稳定层状云、混合层状云、对流云降雨天气在雷达上出现的时间、回波最大强度、云团的面积、云顶高度、移动方向等(表 6.5)。

表 6.5　2008 年 3 月—2010 年 10 月雷达资料统计结果

	稳定性层状云	混合性层状云	对流云	降雨天合计
各种云层出现天数(d)	29	166	127	322
各种云层占百分比	9.0%	51.6%	39.4%	100%

(1)稳定性层状云特征

稳定层状云天气云层移动速度较慢,降雨持续时间较长,以 d 为单位,最弱层状云从雷达上出现到消失 1 h 14 min,出现最长时间 17 h,平均 7 h 52 min。回波强度在 20～30 dBz,平均 28.8 dBz,云顶高度在 5～9 km,平均云顶最大高度 6.55 km。由于雷达受仰角、探测距离、山脉等遮蔽角的影响,西安新一代天气雷达以仰角 0.5°探测,稳定性层状云降雨最大可以探测到 400 km×300 km 的范围,不能满屏覆盖,3 年中稳定层状云水平平均尺度为 161.1 km×149.3 km(在雷达上的表现),最小尺度 20 km×30 km,最大尺度 400 km×300 km。

(2)混合性层状云特征

混合性层状云降水回波,3 年出现了 166 d,回波强度在 35～65 dBz,平均 40.3 dBz,降雨持续时间较长,以 d 为单位,混合性层状云最弱层状云从雷达上出现到消失最短时间 1 h,出现最长时间 24 h,平均 13 h 37 min,混合性层状云降水回波平均尺度为 208.01 km×197.84 km,最小尺度 30 km×50 km,最大尺度 400 km×400 km。

(3)层状云整体移动速度和移动方向

利用新一代天气雷达 R19 号产品手工测得云层平均移动速度 35.0 km/h,最低速度 15 km/h,最高速度 56 km/h;利用新一代天气雷达 v27 产品,测得云层平均最低移动速度为 37.8 km/h,最大平均移动速度 44.5 km/h。加权平均计算,层状云降雨云层移动速度为 36.4 km/h。层状云云层移动方向见表 6.6,通过雷达统计云层的移动方向,为大城市消减雨提供依据。

表 6.6　2008 年 3 月—2010 年 10 月西安降雨层状云移向统计

降雨云层移动方向	西北	南	东南	西南	西	合计
日数(d)	19	2	2	84	38	145
占比例	13.1%	1.4%	1.4%	57.9%	26.2%	100%

6.3　强降雨雷达特征

暴雨是在大尺度背景下的中小尺度对流云团形成的强降雨天气系统,按气象部门的规定:1 h 内的降雨量大于等于 16 mm 的降雨或者 24 h 内的降雨量大于等于 50 mm 的降雨称为暴雨。短时内的强降雨引起城市内涝,在山区造成径流陡增,河水猛涨引起山洪暴发,持续较长时间的降雨可引发山地滑坡等地质灾害的发生。暴雨具有"集中性"和"强度大"的特征,在预警手段上主要是通过卫星云图、雷达和雨量自动站的观测进行。

利用 711 雷达资料,根据降雨时有无融化层,可将暴雨分为层状云暴雨和对流性暴雨。层状云降雨达到暴雨所需时间较长,而对流性降雨达到暴雨所需时间较短,前期征兆不明显,易形成突发性暴雨。层状云暴雨日的雷达回波平均云顶高度、融化层高度更高,云层范围更大。由于对流较强,高度显示中融化层下的下挂回波更多,更加倾斜(风速较大),强度更强。当下挂回波有序排列或呈锯齿性排列时降雨量更大。对流性暴雨有两种形式,云顶高度越高,云体越接近垂直,降雨量越集中,越易造成短时暴雨;而云顶高度较低时,多单体的有序排列,经过一个站时同样可形成短时暴雨。

6.3.1 暴雨发生的气候统计

陕西暴雨分布,自南向北呈现三高两低状,在米仓山和大巴山是陕西省多暴雨带,镇巴为全省之冠;关中盆地是少暴雨区;陕北南部的洛川至宜君一带暴雨又复增多,宜君达最大;陕北北部的长城沿线是东多西少,东部黄河沿岸的神木、府谷多,而西部的定边则是全省暴雨最少的地区。值得注意的是,西安年降水量比神木约多 180 mm,但暴雨次数却相当。陕北北部年降水量少,但暴雨次数却与关中盆地相当。这表明,陕北黄土高原上降水变率大,分布不均、降水强度大。如神木站年均降水量 410 mm,但 1971 年 7 月 25 日 02 时至 14 时的 12 h 降水量达 408.7 mm,就是一个比较典型的例子。

陕西暴雨具有明显的日变化,主要发生在后半夜到凌晨,即表现为夜雨型。在夜间,尤其是半夜到凌晨降雨量较大,上午到中午往往雨势减弱。1 h 强降水的易发时段大多在下午到傍晚,即表现为昼雨型,这是因为陕西下垫面差异明显,下午局地对流旺盛,容易出现短历时强降水。持续性降雨过程的暴雨,尤其是连阴雨中的暴雨,降水强度有日变化,通常表现是上午雨势减小,中午降水最少,入夜降雨增大,所以常常在夜间形成暴雨。这类暴雨常伴有大范围的降雨区,危害范围较广。

6.3.2 暴雨的雷达回波分类

暴雨日的统计是利用 1991—2003 年宝鸡地区 10 县两区地面降雨量大于等于 50 mm 的资料;雷达资料取 2000—2004 年宝鸡地区 711 雷达的资料。由于 711 雷达在降雨时平均探测的有效距离为 50.9 km,降雨量取雷达 50 km 内的千阳、凤翔、陈仓区、渭滨区、太白县 1 h 自计降雨量作为雷达回波对应的地面降雨量资料。

通过多年雷达观测,根据降雨时雷达回波上是否有融化层可以将暴雨分为两种:层状云暴雨和对流性暴雨。层状云暴雨在降雨形式上有两种形式,一种开始为对流云降雨,雨强较大,随后转为有明显融化层的层状云降雨,另一种形式为开始是层状云降雨(如暖云降雨),在某个时段转为有对流泡的层状云,当层状云降雨中有有序排列的下挂单体,产生的降雨更大。对流性暴雨其持续时间较短,也分为两种形式:一种是云体高度较高,由一块对流云产生强降雨,另一种形式是云体单体高度较低,但有多个单体有序排列,经过某一站时形成短时暴雨(1 h 降雨量大于等于 16 mm,有时甚至超过 50 mm),多为突发性局地暴雨。

(1)层状云暴雨日雷达回波特征

根据 2000—2004 年层状云暴雨日地面雨量自计的统计,层状云暴雨的形成持续时间较

长,平均形成暴雨持续时间 17 h。最短持续 9 h,最长持续 24 h。当暴雨日的雷达位于层状
云回波中心时,由于降雨云层对 711 雷达的电磁波衰减明显,最大可以探测到 60 km。平面
显示最强回波在雷达中心处,回波强度在 50 dBz 以上,出现整体由内向外逐渐减弱,分布
不均匀的絮状回波,经过衰减后有数个较强回波中心,反映层状云中发展的对流云,这种积
层混合构成的絮状回波结构,移向移速不明显,特别是在移动速度缓慢,由于持续时间长,再
加上水汽凝结潜热的正反馈和对流云在层状云这种小云滴组成的环境中所耗损的能力很
少,致使云顶不一定发展很高(一般在 8 km 左右),以阵雨的性质而降雨强度较大,在短时间
内可达到暴雨量级,如其中的对流云发展超过 10 km,更易形成暴雨。

高度显示 0 ℃层、下挂回波明显,云层中有对流泡,当冷锋过境时可以明显看到下挂回
波倾斜,最大倾斜达到 10 km 以上(图 6.8)。回波强度取 10 km 处融化层的强度,单体倾斜
距离为层状云中下挂回波在水平方向上投影的距离,反映云层的下挂回波倾斜程度。各种
参数统计特征如表 6.7,可以看出:

① 层状云暴雨日的云顶高度为 6.63~11.63 km,平均高度 8.98 km,高于混合性层状
云的统计平均高度(8.01 km);高显平均下挂回波个数 3.07 个,高于混合性层状云的统计高
显平均下挂回波个数(2.61 个)。

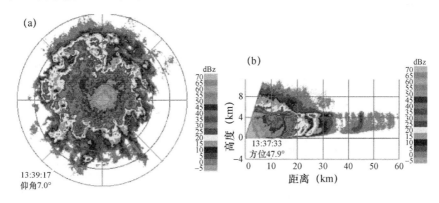

图 6.8　2003 年 7 月 15 日暴雨日雷达位于层状云中心时平显(a)、高显(b)特征

② 层状云暴雨日 10 km 处融化层回波平均强度 42.9 dBz;平均雷达观测距离 54.3 km,
高于混合性层状云的平均观测距离(49.97 km)。

③ 层状云暴雨日平均融化层厚度较厚,变化范围 0.3~1.0 km,平均厚度 0.7 km;融化
层高度较高,平均 4.32 km,高于混合性层状云的统计平均高度(3.93 km)。

表 6.7　暴雨日层状云降雨雷达回波统计特征

	1 h 降雨量（mm）	回波强度（dBz）	云顶高度（km）	融化层厚度（km）	融化层高度（km）	雷达探测距离（km）	高显下挂回波个数（个）	下挂回波倾斜距离（km）
平均	4.60	42.9	8.98	0.70	4.32	54.30	3.07	7.84
范围	1.8~12	10~65	6.6~11.6	0.3~1.0	2.43~4.83	35~80	1~12	4.0~15.0

④ 层状云暴雨日高显中的下挂回波更加倾斜,水平方向倾斜变化范围为 4.0~
15.0 km,平均倾斜 7.84 km。

⑤ 层状云暴雨日 1 h 的降雨量变化范围为 1.8～12.4 mm,平均 1 h 降雨量 4.6 mm,降雨较为稳定,但持续时间较长。

总之,层状云暴雨日的雷达回波平均云顶高度、融化层高度更高,云层范围更大,由于对流活动较强,高度显示中下挂回波个数更多,层状云暴雨中下挂回波更加倾斜。

（2）对流性暴雨日雷达回波特征

通过大量的观测事实,从雷达回波上将对流性暴雨分为两种:一种是云顶高度较高,一般不低于 9.63 km,在 1 h 内形成降雨量大于 16 mm 的暴雨;另一种云顶高度小于 9.63 km,但对流单体呈锯齿形或有序排列,经过一个站时形成短时暴雨。

6.3.3 云顶高度较高的短时对流暴雨雷达回波特征

对流暴雨云顶高度一般不低于 9.63 km,平均云顶高度 12.4 km,平均云体宽度 29.9 km。表 6.8 为 15 个单站对流暴雨的雷达回波特征。

（1）对流性暴雨的对流云顶高度在 9.63 km 以上,平均云顶高度 12.4 km,将对流云衰减 15 dBz 后,平均云顶高度 10.7 km。

（2）对流性暴雨的云体宽度为 14～50 km,平均宽度 29.9 km,回波衰减 15 dBz 后云体宽度为 10～30 km,平均宽度 19.4 km。

（3）对流性暴雨的单体在水平方向上的投影距离反映了对流单体的倾斜程度,云体平均倾斜 4.0 km,变化范围为 0.5～13.0 km,一般来说云体越接近垂直,降雨越集中。

（4）对流性暴雨的雷达回波强度为 45～70 dBz,平均强度 57.7 dBz,强度较强。

（5）从现有的资料看,对流性暴雨 1 h 的降雨量为 16.0～66.1 mm,平均降雨量 25.2 mm,雨量相对集中,容易造成自然灾害。

表 6.8 云顶高度较高的对流性暴雨雷达回波特征

雷达图时间	方位(°)	暴雨地点	1 h 降雨量(mm)	云顶高度(km)	15 dBz 高度(km)	云体宽度(km)	云体 15 dBz 宽度(km)	单体倾斜距离(km)	回波最大强度(dBz)
17:30	1.4	千阳县	17.3	12.63	10.63	50	30	1	45
20:04	1.1	千阳县	27.4	13.43	12.63	43	23	5	60
21:30	51.1	凤翔县	66.1	11.13	10.63	40	20	3	60
05:05	80	陈仓区	32.2	10.63	10.63	20	15	0.5	55
04:37	51.6	凤翔县	17.1	9.63	9.13	35	30	2	55
04:09	3.8	千阳县	26.3	11.63	9.63	40	25	0.5	55
15:22	74.4	陈仓区	24.0	14.63	12.63	32	25	13	50
13:52	303.8	宝鸡市	27.8	12.13	11.63	32	18	5	55
10:54	79.6	陈仓区	19.6	13.63	9.63	43	30	6	70
22:44	312.1	宝鸡市	16.8	12.63	10.63	20	13	6	60
01:24	56	凤翔县	16.4	12.13	10.63	14	12	3	60
21:02	17.7	陈仓区	16.0	12.13	10.63	23	15	3	70

雷达图时间	方位	暴雨地点	1 h 降雨量（mm）	云顶高度（km）	15 dBz 高度（km）	云体宽度（km）	云体 15 dBz 宽度（km）	单体倾斜距离（km）	回波最大强度（dBz）
19:03	145	太白	16	16.13	9.63	25	15	0.5	45
17:32	149	太白	27	12.93	11.13	15	10	0.5	65
17:05	153	太白	27.9	10.63	10.63	16	10	2	60
平均			25.2	12.40	10.70	29.9	19.4	3.4	57.7

6.3.4　云顶高度较低的短时对流暴雨雷达回波特征

此类云层个例较少，仅有两例，雷达回波特征是云顶高度较低（低于 9.63 km），衰减 15 dBz 后云顶高度低于 6.63 km。但雷达高度显示上有明显的特征：云体范围较大，平均超过 55 km，15 dBz 回波宽度平均 26.5 km，云体呈锯齿形或多单体有序排列，单体在水平方向上投影的倾斜距离平均 8.0 km；另一特点是在当天的雷达观测中曾出现云顶高度超过 12 km 的回波（图 6.9）。

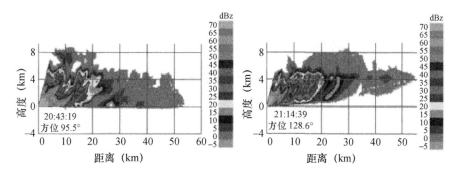

图 6.9　2002 年 8 月 5 日云顶高度较低的短时暴雨的雷达回波特征

（a. 宝鸡市 1 h 降雨量 30.0 mm 呈锯齿形排列的雷达回波；

b. 陈仓区 1 h 降雨量为 16.9 mm 呈多单体有序排列的雷达回波）

6.4　降雨量的估算

利用雷达回波定量估测区域降雨，中外作了不少研究，具有代表性的方法有 Z-R 关系法、平均校准法、卡尔曼滤波校准法、最优插值法、泰森多边形法等，这些方法基于雷达-雨量计联合测定区域降水，误差一般不小于 50%。最常用的还是 Z-I 关系法，它是利用 $Z = AI^B$ 确定 A、B 参数进行估算，该计算公式单点取样的标准误差至少在 ±50%，估算降雨量时产生的误差更大。

稳定层状云降雨，融化层明显且融化层上下均无强回波区，瞬间雨强变化不大，降雨均匀，云层结构简单，寻找各种参数与降雨量的关系，对于评估人工增雨效果有参考意义。以下以宝鸡 711 雷达为例，进行稳定层状云的降雨量的估算。资料是 2000—

2004 年 711 雷达观测的 33 d 60 个个例的稳定性层状云降雨回波(表 6.9)。

表 6.9　2000—2004 年稳定层状云降雨个例季节分布

季节	春季(4、5 月)	夏季(6、7、8 月)	秋季(9 月)	合计
稳定性层状云个例(d/个)	18/38	7/12	8/10	33/60

6.4.1　各种参数与降雨量的相关系数

选取雷达回波参数的标准为：P_m，融化层 10 km 处回波强度；P_{max}，融化层回波最大强度；H，云顶高度；H_{15}，云层衰减 15 dBz 回波高度；$H_{融厚}$，融化层厚度；H_0，0 ℃层高度；$H_暖$，暖云厚度，在 0 ℃层以下；$H_冷$，冷云厚度，云顶高度 $H-H_0$。

由表 6.10 对 60 个稳定层状云个例统计可以看出：

(1)总体来说 4—9 月，稳定层状云降雨量大小与上述 8 个因子均存在正的相关关系。与雷达回波 10 km 处 0 ℃层回波强度 P_m 关系最为密切，相关系数达到 0.616，与回波最大强度，相关系数达到 0.5949；除此之外还与云层的高度(15 dBz 回波高度、云顶高度)关系密切，相关系数分别为 0.4906、0.4444；与暖云厚度和 0 ℃层高度关系也密切，相关系数均达到 0.4088，而与融化层厚度、冷云厚度关系不密切，可见降雨是一个非常复杂的过程，与云层的回波强度、云顶高度、0 ℃层关系最为密切，单一因子很难准确估算降雨量。

表 6.10　稳定层状云降雨量与各种因子的相关系数

	春季	夏季	秋季	总体(4—9 月)
P_m	0.6047	0.6843	0.4857	0.6160
P_{max}	0.4853	0.8580	0.6712	0.5949
H_{15}	0.4761	0.4908	0.5831	0.4906
H	0.5152	0.2559	0.5849	0.4444
$H_暖$	0.5230	0.3734	0.2716	0.4088
H_0	0.5230	0.3734	0.2716	0.4088
$H_{融厚}$	0.1396	0.3712	0.3777	0.2504
$H_冷$	0.2616	0.1172	0.5100	0.2883
平均 0 ℃层高度	2.82	4.50	3.65	3.29
复相关系数	0.7600	0.8540	0.8735	0.7061

(2)将雷达资料按季度求相关系数，可见引起春季与夏季降雨的因子可能不同。春季，降雨量的大小除与 10 km 处 0 ℃层回波强度关系密切外，还和暖云厚度关系密切，相关系数为 0.523，而秋季降雨量的大小与冷云厚度关系密切，相关系数为 0.51，可能是春季近地层大气为由冷向暖过度，降雨量的大小主导因子为暖空气，而秋季近地层大气由暖向冷转变，降雨量的大小主导因子为冷空气。

(3)夏季，稳定层状云降雨量的大小与最大回波强度关系最为密切，相关系数达到 0.858，其次为雷达回波 10 km 处 0 ℃层回波强度相关系数达到 0.6843，最后为 15 dBz 回波高度,相关系数为 0.4908,暖云的厚度对降雨量的贡献较冷云厚度大。

(4)0 ℃层高度对降雨的影响。春季 0 ℃层平均高度较低,0 ℃层高度与降雨量的相关系数较大,为 0.5230,而秋季 0 ℃层高度与降雨量的关系不密切,相关系数仅为 0.2716。

(5)各季节的复相关系数较高,秋季复相关系数最高,达 0.8735,最低的也达到 0.76,优于总体的相关系数。

6.4.2　稳定层状云降雨量估算误差分析

利用回归方法建立的各季多元线性回归方程为:

春季降雨量 $=-4.3574+0.0505P_m+0.0247P_{max}-0.2621H+0.0281H_{15}+1.2641H_暖-0.9605H_{融厚}+0.3914H_冷$

夏季降雨量 $=-2.7778-0.0149P_m+0.1121P_{max}-3.2410H+0.2425H_{15}+3.1374H_暖+0.3725H_{融厚}+2.7279H_冷$

秋季降雨量 $=-2.4091-0.0693P_m+0.0849P_{max}-0.1553H+0.2686H_{15}+0.5330H_暖+0.5332H_{融厚}+0.0158H_冷$

总体降雨量 $=-2.6779+0.0520P_m+0.0336P_{max}-1.8811H-0.0241H_{15}+2.2654H_暖-0.8702H_{融厚}+1.8255H_冷$

(1)分季节建立的多元线性回归方程,1 h 降雨量平均误差小于 0.71 mm(表 6.11),夏季平均误差最小,秋季平均误差最大。而平均误差率较大,达到 46.43%,夏季的平均误差率较小,为 31.42%。

(2)由于降雨量越小,雨滴谱计算的降雨量与实际自计的雨量产生的误差越大,去掉降雨量小于每小时 0.3 mm 的个例,利用多元线性回归方法建立的方程,平均误差率为 33.11%,平均误差和误差率有所降低,按季节建立的回归方程效果较好,最大误差率为 27.44%,如表 6.11 所示。

表 6.11　稳定层状云降雨建立的多元回归方程平均误差

	春季	夏季	秋季	总体(4—9 月)
平均误差(mm)	0.6045	0.5446	0.71	0.6794
平均误差率	46.06%	31.42%	36.66%	46.43%
*平均误差(mm)	0.4516	0.4581	0.282	0.5890
*平均误差率	27.44%	22.68%	13.39%	33.11%

注:*为去掉了 0.3 mm 以下的降雨量。

6.4.3　降雨量估算个例

利用建立的春季多元线性回归方程,结合雷达回波对 2003 年 3 月 31 日—4 月 1 日稳定层状云降雨进行降雨量的估算。各雷达观测时次后 1 h 实测值之和为 37.4 mm,估算值之和为 33.3 mm,误差 4.1 mm,平均相对误差 10.96%,降雨量越小相对误差越大(表 6.12)。用 P_m 雷达回波强度反算 Z,用上述经验的 $Z-I$ 关系估算降雨量时,各个回波强度值对应的雨强是确定的,估算值之和为 66.4 mm,误差 29.0 mm,平均相对误差 77.54%,回波强度越大相对误差越大,多元线性回归方法的优越性明显。

表 6.12　稳定层状云 2003 年 3 月 31 日 23 时—4 月 1 日 6 时雷达观测各因子与降雨量的估算

雷达观测时间	23:04	23:06	23:48	23:48	00:11	00:27	00:28	04:01	05:08
方位(°)	270.9	126.7	88.5	270	90.8	270	34.4	31.8	56.8
P_m(dBz)	50	45	60	55	55	50	65	30	25
P_{max}(dBz)	70	65	70	70	65	70	70	50	55
H(km)	9.5	9.0	7.8	7.6	7.5	6.0	7.8	4.3	5.0
H_{15}(km)	6.6	8.0	6.5	6.0	6.2	5.8	6.5	3.7	3.2
$H_{暖}$(km)	3.0	3.0	3.0	3.0	3.0	3.0	3.0	2.8	2.5
$H_{融厚}$(km)	0.4	0.5	0.6	0.3	0.8	0.4	0.8	0.5	0.5
$H_{冷}$(km)	6.5	6.0	4.8	4.6	3.5	3.2	5.0	1.5	2.5
观测站	渭滨区	陈仓区	陈仓区	渭滨区	陈仓区	渭滨区	凤翔	凤翔	凤翔
实测值(mm)	6.0	4.7	5.6	6.8	4.4	4.0	5.0	0.7	0.3
回归估算值(mm)	4.7	4.3	4.8	4.8	3.8	4.3	5.0	0.9	0.7
Z-I 关系估算(mm)	5.5	3.5	13.1	8.5	8.5	5.5	20.2	1.0	0.6

第 7 章

人工防雹增雨作业指挥技术

现阶段人工影响天气主要致力于在适宜的地理背景和自然环境中,选择适当时机、适当的云体部位、适当的催化剂量进行人工催化作业,以达到防灾减灾、趋利避害的目的。尽管还处于科学研究和应用试验相结合的阶段,在方法技术上并不完全成熟,但实践中已经带来了一定实效。

人工影响天气作业具有时效性强,安全性突出,技术要求高等特点,作业方案的设计是整个作业过程中最重要的技术工作,须在有关人员对作业天气、云物理条件充分了解和科学选择作业综合技术指标的基础上,结合有关资料和信息,经综合分析后制定。所以,方案的制定过程就是科学决策的过程。

7.1 人工影响天气作业装备

陕西省人工影响天气作业常用的作业工具有飞机、高炮、火箭、地面发生器(碘化银焰炉)等。飞机作业飞行的区域大,选择性强,装载探测仪器后,作业更有针对性。但飞机作业易受空域、天气条件和自身性能限制,有时会贻误作业时机,也不能长时间在作业区停留。高炮、火箭作业时同样需要申请作业空域。其优点是容易把握作业时机和作业部位,尤其是对对流云作业优势明显。其缺点是影响面积有限,车载作业也仅能在一定范围内移动。地面发生器不受空域限制,经济、方便,可以随时作业,缺点是难以保证催化剂入云和控制催化剂量。

7.1.1 飞机

陕西每年有两架飞机开展人工增雨作业,机型为运-12、运-8,分别部署在咸阳国际机场和榆林榆阳机场,最初使用的是吸湿性盐粉,后来使用制冷剂为液态二氧化碳、液氮,目前使用碘化银烟条(图 7.1 和图 7.2)。

运-12 翼展 17.235 m,机长 14.86 m,机高 5.575 m,机身地面间距 0.65 m,最大商务载重 1700 kg,最大平飞速度 328 km/h,巡航速度 292 km/h,实用升限 7000 m,航程 1340 km。

西北区域人工影响天气保障工程中,计划给陕西配置一架新舟 60 飞机(英文名称 Modern Ark 60,英文缩写为"MA60"),这是中航工业西安飞机工业(集团)有限责任公司(简称"西飞")自主知识产权的单翼中短程涡轮螺旋桨支线客机(图 7.3),该飞机为二人驾驶体制,能完成复杂气象条件下的飞行任务,具有Ⅱ类进场能力。

图 7.1　2005 年人工影响天气使用液态
二氧化碳作为催化剂

图 7.2　改装具有探测、播撒、
通信设备的运-12 飞机

新舟 60 飞机在安全性、舒适性、维护性等方面达到或接近世界同类飞机的水平,该机型为中航工业西飞设计生产,量产多年,属成熟产品,性能稳定,已大量投入中外航空市场运营。新舟 60 的最大载重量为 5500 kg,机长 24.71 m,机高 8.85 m,翼展 29.20 m,最大航程 2450 km,最大飞行高度 7620 m,巡航速度 420 km/h,最大航时不少于 6 h,能够同时装载多种人工增雨作业催化设备。

图 7.3　新舟 60 飞机

通过改装配备必要的机载大气探测设备,使其具备人工影响天气作业条件检测与判别等功能,提高作业科学性;通过改装配备 4 种催化作业设备,提高对不同性质降水云系的催化能力;通过配备成熟的空地通信设备,使其具备飞行、探测与作业数据的空地互传以及通信指挥功能。

7.1.2　高炮

目前,陕西省有 341 门高炮开展地面增雨、防雹作业,使用的主要是来自部队退役的高炮,一般为 55 式 37 mm 高射机关炮和 65 式双管 37 mm 高射机关炮。

　　55 式 37 mm 高射炮为单管高炮,系仿制苏联高炮的产品,于 1955 年定型,也是中国人民解放军装备的第一种国产高射炮。1965 年设计定型的 65 式 37 mm 双管高射炮,是在 1955 年研制的 37 mm 单管高射炮基础上发展而来,由单管改为双管并对支架、炮车等部分作了改进,重新设计了摇架、平衡机,对有关布局也进行了调整,目前陕西省使用较少。

　　65 式 37 mm 双管高射炮(图 7.4)主要性能参数如下:口径 37 mm,战斗状态全重 2550 kg,行军状态长 6475 mm,行军状态宽 1796 mm,行军状态高 2440 mm,火线高 1070～1220 mm,炮身长 2739 mm,身管长 2315 mm,后坐长 150～180 mm,全弹重:榴弹 1.416 kg,穿甲弹 1.455 kg,初速:榴弹 866 m/s,穿甲弹 868 m/s,射速 320～360 发/min,最大射程 8500 m,有效斜距 3500 m,有效射高 3000 m,高低射界－10°～85°,方向射界 360°。

图 7.4　65 式 37 mm 双管高射炮

　　陕西省用于人工影响天气作业的高炮炮弹(人雨弹)定点生产厂家为中国人民解放军第三三零五工厂。表 7.1 列出了该工厂生产的 JD-89Ⅰ型、Ⅱ型和 07(A)型人雨弹主要技术参数。其中,07(A)型的特点是发火率高、破片小。

表 7.1　三三零五工厂人雨弹主要技术参数

项目	JD-89Ⅰ型	JD-89Ⅱ型	07(A)型
适配性	55 式、65 式、74 式 37 高炮		
弹径(mm)	37		
全弹长(mm)	382～386		382～386
全弹质量(kg)	1.416		1.41
有效作业高度(m)	2000～6900		2000～6900
引信瞎火率	≤3%		≤0.3%
工作温度(℃)	－40～50		－40～50
发射成功率(%)	≥97		≥99.7

项目	JD-89 I 型	JD-89 II 型	07(A)型
引信自炸时间(s)	9～12	13～17	9～12、13～17
AgI 成核率(个/g)	−10 ℃:9.0×10⁹	−20 ℃:1.5×10¹⁶	−10 ℃:9.0×10⁹ −20 ℃:1.5×10¹⁶
AgI 含量(g)	1		1
平均初速(m/s)	≥950		≥864
平均膛压(MPa)	≤264.8		264.8
最大破片(g)	50～70 g 破片不多于 1 片		≤14
贮存期(年)	5		5
贮存温度(℃)	−15～40		−15～40
贮存湿度(%)	≤70		≤70
启用时间	1989 年	2006 年	2009 年
运输方式	公路、铁路		公路、铁路

7.1.3 火箭发射架

陕西省使用的火箭发射架为中天火箭技术股份有限公司的产品,发射架按其安装方式可以分为有地面固定式、车载流动式,部分火箭发射架为车地两用型。

火箭发射架由发射器、支架组成。发射器上装有导轨,用于插入火箭弹,导轨上有电接触头,用于连接电控发射点火系统。支架装在地面或运输载体上,起固定和导向的作用。导向装置可以控制并锁定发射架的方位和俯仰。图 7.5、图 7.6 及表 7.2 分别给出了一些常用的火箭发射架及其性能参数。

表 7.2 火箭发射架产品参数

性能 \ 类型	JPS-82-42 车载发射架	JDS-82-42 地面发射架	JTS-82-42 拖车发射架
定向器长度	1720 mm		
仰角范围	45°～75°	45°～80°	45°～75°
方位范围	±30°	0°～360°	±30°
整体重量	320 kg	350 kg	200 kg(不含拖车)

目前,陕西省有 20 部车载自动化发射架,主要用于 WR 系列增雨防雹火箭的发射作业。该系统自带电源,无线遥控操作,自动调整姿态,作业信息自动记录。主要有 JTS-82-42 拖车自动化发射架、JPS-82-42 车载自动化发射架和 JDS-82-42 地面自动化发射架三种型号。使用的火箭弹为中天火箭技术股份有限责任公司的产品,主要为 WR-98 型产品,具体参数为:弹径 82 mm,弹长 1450 mm,全弹质量 8.3 kg,最大射高 8.5 km,催化剂携带量 725±30 g,播撒时间 43±5 s,AgI 含量 36 g,残核落地速度小于等于 8 m/s,残核质量 5100 g,落地方式为伞降,点贮存期 3 年,发动机工作时间 2.6 s,离轨速度 40 m/s,图 7.7 为 WR-98 型火箭发射弹道曲线。

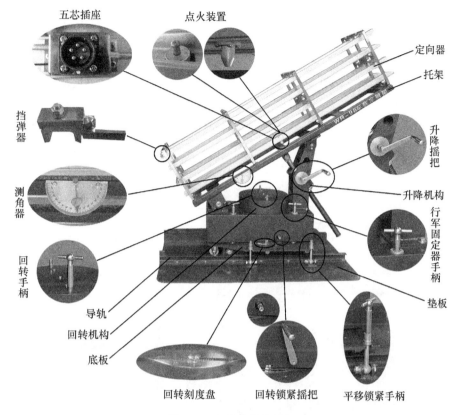

图 7.5　车载火箭发射架

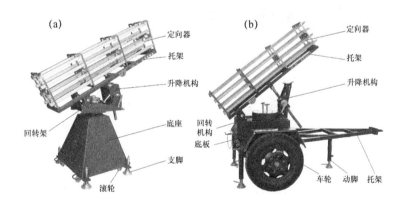

图 7.6　地面火箭发射架(a)和拖车火箭发射架(b)

7.1.4　地面播撒系统

远程遥控地面焰条播撒系统(图 7.8)是采用预置焰条,利用 GSM 或 GPRS 通信模块进行远程数据采集,通过室内计算机进行远程控制,实现了焰条的遥控检测、点火和烟雾的自动播撒,其程控距离不受限制,通讯信号覆盖的区域均可使用,主要解决山区及交通不便地区的增雨、防雹作业需求。

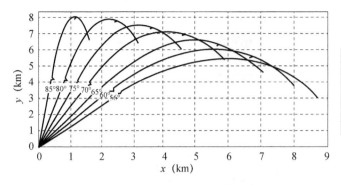

弹道最高点坐标

	x (m)	y (m)
56°	5900	5600
60°	5500	6100
65°	4900	6600
70°	4200	7100

图 7.7　WR-98 型火箭发射弹道曲线

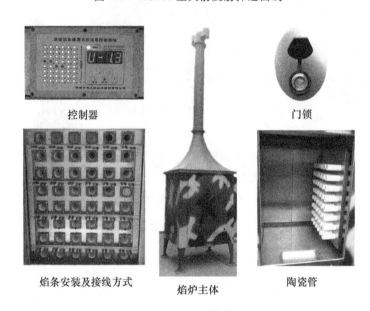

控制器　　　　　　　　　　　　　　　　门锁

焰条安装及接线方式　　　焰炉主体　　　陶瓷管

图 7.8　焰炉结构

　　系统由地面焰条、地面播撒装置、点火控制器、控制软件组成。地面播撒装置为户外固定设备,地面焰条提前安装在地面播撒装置内,在具备气象条件的情况下,通过室内计算机软件发出检测、点火信号,点燃焰条,烟雾在播撒器的导引下,上升到高空,随着空中上升气流进入云层,进行增雨作业(图 7.9)。

　　地面焰条播撒系统采用成熟的 GSM(手机短信)或 GPRS(计算机网络通信)通信方式,利用太阳能供电系统实现控制系统的远距离操作和供电,无需现场有人值守,可以在海拔较高的山区、草原及交通不便的地区进行作业;焰条装填量大,满足冷、暖云烟条的燃烧工况要求,可根据不同天气情况进行选择性作业,维护次数少;焰条燃烧室大,焰条在密闭空间内燃烧,其燃烧产生的明火及喷出的残渣不会接触到干草、树木等易燃物,满足森林防火要求;焰条采用耐高温陶瓷管隔离,耐腐蚀、耐烧蚀、防相邻焰条互相点燃;燃烧室与电控(装填)室完全物理隔离,烟雾不会污染或腐蚀装填室和电极,焰条装填方便,线路连接可靠;通道状况自动检测、判断、标示,作业信息自动存储;主体结构采用 304 不锈钢制造,设备防腐蚀性强,寿命长。表 7.3 为中天火箭技术股份有限责任公司生产的地面焰条主要技术参数。

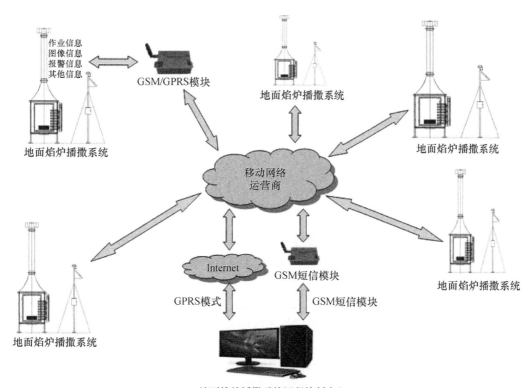

图 7.9　地面焰条播撒系统网络运行简图

表 7.3　地面焰条主要参数

名称	参数
焰条类型	地面冷、暖云焰条
焰条规格	$\phi48 \ mm \times 323 \ mm$
焰条总质量	0.9 kg/支
焰条催化剂质量	0.5 kg/支
AgI 含量	7.5 g/支(冷云)
KCl	225 g/支(暖云)
焰条最大装载数量	48 支
播撒时间	5±1 min/支(冷云);4±1 min/支(暖云)
焰条同时工作数量	≤3 支
控制点火方式	GSM 或 GPRS
供电方式	太阳能供电系统
控制距离	手机信号覆盖的地区

续表

名称	参数
工作温度	$-40\sim+70$ ℃
工作湿度	$20\%\sim100\%$
电池寿命	＞1 年
电池能量	7 个连续阴天可靠工作
安装要求	搬运、安装方便
地面播撒装置总重	$\leqslant550$ kg

7.2 人工增雨作业方法

增雨作业的天气背景不同于防雹作业,人工增雨引晶量要小于防雹作业且持续时间长,因此,播撒要采取缓放、慢射的方法,根据作业云发展的强度、体积、含水量等因素,少量分批的发射人雨弹至云中过冷水区或上升气流区。

中外的人工增雨试验表明,冷云催化云顶温度不宜太高或太低,当云顶温度处于$-10\sim-24$ ℃("播云温度窗")时,人工增雨的效果比较明显。"九五"国家科技攻关课题"人工增雨农业减灾技术研究"针对层状冷云提出了适宜进行人工增雨的区域:云和降水过程处于发展或持续阶段,云中有比较深厚的上升气流,云下蒸发较弱,云厚较大,过冷层较厚,云底较低;云中有过冷水,在较厚的层次里有较大的冰面过饱和水汽压,同时冰晶浓度较低的区域更为有利。

7.2.1 作业对象

地形云是人工增雨的首选目标。它是由具有一定湿度的空气在盛行风作用下,经过地形抬升形成的,一般出现在迎风坡或者山脊下,或高山山顶。陕西省受地形影响而增加降水的地区有巴山北部、秦岭南北等。层状云是一种大范围降水系统,尤其是层状冷云,是陕西省春、秋季开展人工增雨的主要对象。

积状云是地球雨水的主要提供者,地球上四分之三的雨水来自积状云。积状云底部温度较高,含水量丰富,其中包括过冷水。积云降水可通过暖雨过程产生,也可通过冰晶过程形成。对积云进行人工增雨作业,降水量较大,因此在雨季对合适的积云进行增雨作业,对增加降水,补充地下水和库容,具有重要意义。

试验表明,对积雨云和雨层云进行作业,作业效果比较显著,目前陕西增雨的目标云系为层状云或层积混合云。层状云降水微物理过程基本符合贝吉龙提出的播撒云-供水云相互作用导致系统性降水形成的总机制。

陈保国等(2005)对陕西关中地区春季至夏初的降水个例分析,包括西路冷锋和锢囚锋两种类型(图 7.10)。西路冷锋影响下,关中地区的降水云主要是锋上高层云,丰水云区在高层云下部。在锢囚锋系统东路冷锋影响下,锋下层积云是丰水云区,且其中云水向降水的自动转化常不充分,在锋上中、高空降水带作用下明显地提高了其中云水向降水的转化率。催化云也常是锋上中、高空的冷云降水带。

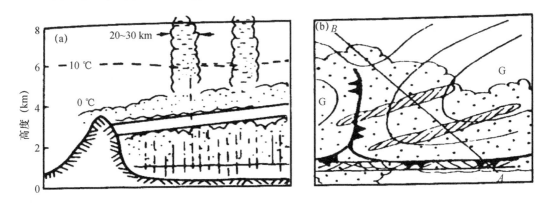

图 7.10 陕西主要降水系统的云场剖面(a)与降水物理过程概念模型(b)

胡志晋等(1983)根据数值模拟发现,人工增雨的水分来源不完全出自冰水转化,而且可来自冰-汽转化。他们提出,虽然云中过冷水含量大是人工催化的有利条件,但过冷水少的云仍有一定催化潜力。之后,经过三维层状云模式的模拟,得出了层状云人工增雨新的概念模型:一般气柱中的水汽累计含量远大于云中的过冷液水量,而且处在云的发展和维持阶段,通过上升气流输送的水汽,可以补偿水汽凝华增长的消耗,进而保持人工增雨的潜力;人工播云催化后,水汽补充凝华增长加上过冷水冻结,合在一起释放的潜能,使空气加热 10^{-1} K 的量级,导致云中上升气流速度增大 $10^{-2} \sim 10^{-1}$ m/s 的量级,促使催化云区内云和降水的进一步发展。而且云系下部暖云区的云水量也可以通过碰并增长进一步转化为降水。

胡志晋(2001)提出了新的层状云人工增雨机制,指出人工冰晶除通过贝吉隆过程使过冷云水转化为降水外,还使一部分冰面过饱和水汽转化为降水,凝华潜热的释放导致空气增温和局部升速加大,促进云降水发展。

7.2.2 催化技术指标

(1)云降水宏观特征识别

预报或估测大于 0.1 mm/h 的发展或持续雨区:采用数值天气预报、雨强监测、雷达回波强度形态和移向、移速等手段。

云顶、云底的高度、温度和过冷层厚度:采用雷达 RHI、云况、地面湿度、探空、卫星云图反演、飞机探测等手段,并参考模式预报结果。

云中升速:采用多普勒雷达法向气流分布和回波形态特征等,并参考模式预报的升速水汽辐合区。

人工增雨作业催化技术指标:

① 在降水性天气系统背景下,处于发展阶段的积雨云、浓积云,回波顶高处在 $-5 \sim -20$ ℃层,强度大于 25 dBz;

② 在抗旱期间,回波顶高在 -5 ℃以上,处于发展阶段,出现雨幡或降水时,也可对大范围系统降水性层状云作业。

探空资料是人工影响天气作业指挥中最基本的资料之一,与雷达和微波辐射仪等一起应用,可提高对云层结构,温、湿度廓线测量的准确度,有利于人工影响天气作业的指挥和事后效果评估。探空资料可直接用作冷云人工催化的宏观判据。

(2)云物理微观特征识别

① 云中冰面过饱和水汽区的估测:飞机观测云中某一层次有过冷水,可以看作是该层及其附近水汽接近水面饱和而存在较大冰面过饱和水汽的标志。探空监测的(准)冰面过饱和水汽区(T-T_d≤2 ℃)有重要参考价值(尤其是加密探空)。

② 云中过冷水:机载 FSSP 测得质粒浓度(特别是 $d<17\ \mu m$)大于某一阈值(如 20 cm^{-3})时,表明有过冷水滴存在。旧型号 FSSP 所测含水量容易受到 $d≈30\ \mu m$ 的冰晶的影响而缺乏代表性,不宜直接采用,新型机载粒子探测仪器对粒子相态识别方面做了较大改进,但是具体结果还有待验证。

③冰晶浓度:机载 2D-C 测得质粒浓度小于阈值(如 20 L^{-1})时,说明自然冰晶浓度较低,有利于人工增雨,可用一般催化剂量,当浓度大于阈值时催化剂量需加大,并应注意降水下落蒸发的条件。

符合催化条件的人工增雨潜力区的最终识别,必须依据飞机的云物理直接监测。根据长时间人工增雨催化作业的经验,得到以下判据:当 FSSP 所测云质粒浓度大于 20 cm^{-3} 和 2D-C 所测冰质粒浓度小于 20 L^{-1} 时,为最佳催化潜力区,可用一般催化剂量(表 7.4,邓北胜,2011);否则为较佳催化潜力区,应将催化剂量加大 1~4 倍。

表 7.4　不同催化剂成核率及其播撒剂量

温度(℃) 催化剂类型	—6		—7		—8		—10	
	成核率(个/g)	剂量(g/km)	成核率(个/g)	剂量(g/km)	成核率(个/g)	剂量(g/km)	成核率(个/g)	剂量(g/km)
制冷剂	10^{12}	200	10^{12}	200	10^{12}	200	10^{12}	200
碘化银焰剂	$3×10^{11}$	600	10^{13}	20	10^{13}	20	$2×10^{13}$	20
AgI 丙酮液新配方			$2×10^{11}$	1000	$6×10^{11}$	300	$4×10^{12}$	30
AgI 丙酮液旧配方			$4×10^{10}$	5000	$2×10^{11}$	1000	10^{12}	200

由上述判据可实时了解人工增雨潜力区的分布,便于指挥飞机到有利区域进行催化。从数次外场探测实例分析,催化潜力区一般只占云区面积的 1/2 左右。具体的识别判据可因季节、地区以及监测装备而异。

7.2.3　催化部位

理论分析和数值模拟表明,在层状云中催化的高度宜高些,以便人工冰晶能充分利用整个云层的增长条件,从而提高增雨效率。在—15 ℃附近云区,凝华增长快,聚并作用强,对冰雪晶增长有利。而温度高于—5 ℃区,特别是高于—3 ℃区,除对流强升速外,引晶增雨效果差,有的催化剂在无过冷水区甚至不能核化成冰晶,原则上应选择云中温度最低的过冷水区播撒。

7.2.4　作业方法

(1)高炮增雨作业方法

对层状云人工增雨作业高炮采用的作业方式为同心圆射击组合和扇形点射。当云体移到天顶时,用低射角发射长引信人雨弹,高射角发射短引信人雨弹,连续旋转点射 360°若干圈。弹距基本相等,使人雨弹在天顶周围同一高度上形成同心圆,或者扇形点射,以相同引信的人雨弹,几个射角,几个扇面,对云体的某一高度进行单发连续射击,弹距基本相同。

(2)火箭增雨作业方法

人工增雨作业火箭采用的作业方式为平面射击和梯形射击。当层状云和积状云水平尺度大,垂直尺度小,云内上升气流较弱时,采用平面射击的方式作业。这种方法把碘化银均匀地携带到云中催化最佳的高度,使催化剂在较大范围的水平面上发挥作用,以达到最大的催化效果。具体做法通过雷达根据云层中回波中心的高度(或 0 ℃层亮带),调整火箭发射仰角,作为固定发射,对云体作水平扇面射击,使云体在水平尺度上较大范围内得到催化,达到较好的增雨效果。

梯形射击:当积状云垂直尺度较大,云内上升气流较强时使用。这种立体射击方法采用不同的射角,不同的方位,将碘化银粒子带到云层中的不同高度,使催化剂在较大范围的垂直面上发挥作用,以达到最大限度的增雨效果。具体方法:当呈前倾的积状云主体向作业点移来时,通过雷达根据云层中回波中心的较低高度,得出所使用的增雨火箭在该高度上所对应的最大射角为起点,逐一抬高射角,对云体作水平不同扇面、不同射角的立体射击;由于作业高度不同,火箭在云层中不同高度播撒,使垂直尺度较大,云内上升气流较强的积状云得到了较大范围的催化,从而达到较好的催化效果。

(3)地面播撒系统

地面发生器主要用于地形云人工增雨(雪)作业,通过自然的上升气流,将碘化银带到 −4 ℃的云层中,实现增加降水的效果。地面发生器作业点应设置在海拔高度 1500 m 以上的山区。根据 20 世纪 80 年代初苏联在中亚泽拉夫森山对地形云液水含量的分布研究,在山脊迎风侧 1~6 km 的低、中云中,含水量趋向山脊而增大。地面发生器布设应距离盛行地形云的山峰不大于 5 km,以便 1~2 m/s 的谷风能在 1~1.5 h 内使催化剂送到期望播云高度(−5 ℃区)。

(4)飞机增雨作业方法

按人工冰晶扩散宽度 3~6 km 计算,催化层状云时,作业飞机应在选定的催化层高度,采用垂直于高空风,以播撒轨迹边长 30~50 km、行距间隔 3~6 km 的条播方式或 S 型方式作业为宜。但受目前用于人工增雨飞机性能的限制,播撒行距一般可控制在 10 km 左右。对于积云催化,当作业飞机不能穿云作业时,可在被选定催化云体外围的适当高度和部位,采用飞机边缘催化的方法;也可采取作业飞机在选定作业高度云体外围的一定距离内,向云内发射催化焰弹的方法催化。

7.2.5　作业用弹量

人工增雨作业单个炮点每次使用的炮弹为 20、40、60 发左右,进行点射。火箭的作业量结合实践经验和扩散模式,对孤立积云单体增雨作业时,按扇形发射增雨火箭5~6枚/次。地面播撒器的用量,燃烧碘化银焰条的施放流量控制在60 g/h以保证播撒剂量。作业时机应在降水出现前1~1.5 h,确保在降水出现之前催化剂能输送到云内低于−5 ℃的高度。播撒时注意风向,上山风向时播撒,下山风和出现降水时停止播撒。

7.2.6 增雨作业方案设计

在作业方案设计时主要考虑固定目标区和非固定目标区两种。前者是以固定的区域为目标控制区,如在江河源头、水库上游进行的人工增雨作业;另一种作业计划往往目标区难以真正固定,具体影响的对象也不确定,如中国目前很多地方开展的抗旱型飞机人工增雨、地面流动作业点进行的流动式火箭人工增雨作业即属于这一种。

对于上述两种不同类型的人工影响天气实施计划或方案,均要求有严格的设计和明确的目标。以作业为主的业务性方案,其设计和实施以业务性操作为主。

高炮也是增雨作业手段之一。作业对象适用于对流性积云。采用高炮进行人工增雨作业,其作业方案的设计,基本上与高炮防雹作业方案的设计思路类似,即同样也要涉及确定作业目标云、作业时机、作业部位和用弹量及作业方式等内容。因此,其方案的设计基本上可参照高炮防雹作业方案的思路和方法进行。另外,由于积云降水随不同地理条件、不同季节的变化较大,很难像雹云一样进行简单归类。因此,其作业指标、用弹量等难以细分和统一确定,只能靠各地在实践中逐步摸索、总结和积累。

在作业区开展火箭播撒人工冰核作业,事先应统计当地作业期月平均等温线−6~−12 ℃的平均高度,作为火箭燃焰播撒高度层的参考。此时还应适当考虑云中温度一般稍高于环境(上升气流区)温度。

图7.11中R_1至R_2段为播云水平距离。火箭运行轨迹顶R应接近播云目标区中心位置。设计火箭的发射运行轨迹时,应使播撒限定在−5~−15 ℃区,最好在−10 ℃层维持准水平轨迹。R、R_1、R_2的位置均随火箭型号、发射仰角、延期点火具设定时间、环境风的风向、风速及其火箭运行轨迹的相对位置以及地形高度而变化。还应注意到火箭在云中运行与自由大气中会产生一定的轨迹偏离。考虑到火箭的安全、稳定飞行,一般火箭发射架的仰角应处于45°~65°,最佳仰角为55°。人工增雨作业时,发射的方位束宽可以比较大,视有利增雨云系的范围而定。

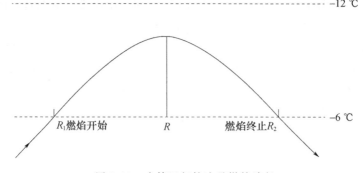

图7.11 火箭运行轨迹及燃焰路径

R_2 对应最远作业距离,它决定了火箭发射站的布网间隔距离,但实际火箭站网间距决定于火箭型号、作业季节和地形高度。一般火箭燃焰飞行距离限于 2～9 km,最好在 8 km 以下,并应避免进入云系降水区。单发火箭的播撒距离太长并不经济,在其部分上升、下降段因催化剂施放高度偏低,不利于人工冰核核化成冰,而且不适于高原地区使用。

火箭防雹应将人工冰核适时、适量地直接播撒在雹胚形成区(−5～−12 ℃层),要求核数浓度不低于 0.1 cm⁻³(10⁵ m⁻³),播撒路径 1～3 km,火箭防雹作业的方位束宽应小,限于 25°(−12.5°～+12.5°)以内。如果核数浓度不足,应短时间内增加发射火箭弹数量,而不调节点火延时和运行路径。

7.3　人工防雹作业方法

人工防雹作业时机的选择,通常是对冰雹云发展阶段而言,即根据人工防雹概念模式选择冰雹云发展的适宜阶段进行作业。现有的人工防雹概念模式,大致可分为两类,一类是针对成熟单体的雹源部位进行过量催化作业;另一类是针对新生单体的早期催化作业。

目前人工防雹多数是固定作业点,对单个作业点而言,只是当对流云体进入射程以后才能作业,这种被动作业方式作业时机较少,但如将多个固定作业点联网进行联合人工防雹作业,并使联网的作业点的人工防雹火力覆盖整个防区,对流云进入防区的任何位置,都能对其实施主动作业,作业时机会增加。时机的选择,应在联防的基础上由雷达监测确定。

7.3.1　催化作业时机

根据冰雹和冰雹云形成演变过程的一般特征,冰雹云的早期催化作业时机,早期催化时间,应选择在冰雹尚未形成的跃增和孕育早期阶段。即冰雹增长过程的增长、成熟(孕育)阶段。早期催化作业,可使正在发展的冰雹云提早产生降水,破坏云中的上升气流,从而抑制冰雹云的进一步发展。

弱单体或对称单体雹云的作业时机,应选择在 −6 ℃以上高度上出现初始回波时(即跃增阶段)。弱单体冰雹云生命史短,从初始回波的出现至冰雹在云中形成的时间,只有几分钟。因此,催化作业必须迅速、及时。如果单体已经发展到冰雹形成阶段,催化作业作用就不大了。强单体冰雹云的作业时机,应选择在 −6 ℃以上高度,或云体中上部强回波区尚未形成的跃增阶段。

如果强单体冰雹云已经形成,则应采用抑制继续降雹的作业措施,即当主体云前部引导云或前悬回波下方的胚胎帘部位进入作业射程范围时,就立即作业。

最新研究表明,冰雹是在雷达强回波(45 dBz)高度在 0 ℃层高度以上 2.9 km 区形成的,即 −20 ℃以下。每月 0 ℃层高度不一样,因此冰雹云的识别指标不一致,是变动的。春夏之交的季节,云层高度较低,容易形成冰雹,同样的云层高度,在 8、9 月不易形成冰雹。具有重大灾害的降雹,是雷达强回波(45 dBz)高度在 0 ℃层高度以上 2.9 km 持续时间长造成的,因此雷达强回波(45 dBz)高度在 0 ℃层以上 2.9 km,属于防雹时机。

当单体雹云中的冰雹已经形成,播撒催化剂就不起作用了。如果采用猛烈的炮击,可能起提前降雹,即炮点挨砸,但却保护了下风方大片区域免遭冰雹袭击。为了保护区不受雹灾,高炮作业点应设在保护区上游。

7.3.2　作业部位

大量探测研究表明,冰雹胚胎大多形成于-4～-10 ℃的环境中。同时雷达探测还发现,如果对流云云体初始雷达回波出现在-6～-8 ℃以上高度时,有80%的可能性发展成为降雹,提前防雹作业,可以增加降水量,所以人工防雹引晶的高度区间应在-6 ℃层以上。播撒层厚度一般为1 km,个别也可达2 km。

作业部位,由雷达站根据-6 ℃层高度(即播撒层下限高度)上的PPI图或通过PPI图强中心的RHI图来确定。最好在较弱的上升气流区,那里是自然雹胚比较容易形成的位置。

对弱单体或对称单体冰雹云来说,催化应着眼于防止新发展的冰雹云单体中冰雹的形成。催化应选择在-6 ℃层以上高度出现初始回波的新生单体或发展单体的10～30 dBz回波中央部位。

对强单体或超级单体来说,催化部位应选择在冰雹云前部的引导云或悬垂回波区的前部(0～10 dBz)及下部区域即强回波区前方30 dBz回波廓线前部(PPI图),或悬挂回波区前下部的10～30 dBz。其目的除了争食云内水分,减少冰雹直径以外,还试图在弱上升气流区内提前形成降水,以抑制冰雹云的发展。

对多单体雹云来说,催化不仅应着眼于新生单体中冰雹的形成,同时应抑制成熟单体中的成雹过程。催化部位应选择在冰雹云前部的新生单体。

从冰雹云的外观看,选择下列部位作业为宜:

(1)云的翻滚激烈处,它是有组织的上升气流部位,猛击上升气流处,可以切断或影响有组织的上升气流,从而改变或抑制云的气流结构。

(2)云中最大上升气流处,云腰或雹源部位,炮击该处,一方面是破坏或影响上升气流,另一方面爆炸的冲击波有可能使过冷水滴提前冻结。

(3)当云层布满天空,闪电、雷声频繁,特别在夜间,难以判断炮击部位时,选择雷声连续不断发生的部位或横闪频繁发生的区域。

(4)云的合并处,阻止它们合并加强,在雷达指挥下着重炮击移速快、发展旺盛的云块。

(5)在悬挂回波右下方的拱形云区进行过量播撒催化剂,使催化剂进入冰雹生长区争食云中水量。

7.3.3　高炮防雹作业方法

作业站点建立可考虑对水资源和防御雹灾有迫切需求的区域,如经济作物及重点产粮区、水库上游流域、重要生产、生态区;根据当地雹灾、旱灾历史规律、天气、气候、地形特征、冰雹多发路径等情况设置;符合《中华人民共和国民用航空法》《中华人民共和国飞行基本规则》的有关规定,避开机场飞行空域、航路、航线;有天气雷达保障,交通运输便利和通信联络畅通;能够逐步做到联网作业;开展作业地区的政府、群众和社会经济环境能提供各种保障条件。

　　高炮炮站一般在作业影响区上风方 5 km 内,在迎风坡而不选在背风坡设置;在冰雹云和增雨作业云经过频数最多的路径上设置;周围视野开阔,视角不小于 45°,射击点远离居民区 500 m 以上;绘制最大射程弹着点范围内城镇、村落、工矿企业等人口较集中地点坐标示意图;交通、通讯方便;炮位地名、地标、经纬度、统一编号、通讯代码,应上报空域管制部门及上级人工影响天气管理机构。

　　由于火箭的发射距离远,火箭点的安全距离的设置要适当加大,并应满足当地作业站点建设规范的要求。

　　防雹作业的重要经验是:早识别、早作业、联网作业。

7.3.3.1　高炮防雹射击方法

　　高炮作业时采用何种射击方法,关系到入云催化的效果。特别是防雹作业,合理的射击方式,有可能在撒播分布准确性上发挥出比火箭还要优越的特点。

　　(1)前倾梯度射击组合

　　当云体呈前倾状态向炮站移来时,用相同引信的人雨弹,不同扇面和射角,弹距基本相等,迅速射击。使人雨弹在不同高度和水平距离上,迅速相继爆炸,弹着点在云内呈上小下大的前倾式梯形分布。

　　(2)垂直梯度射击组合

　　当云体呈立柱式状态向炮站移来时,相同扇面、低射角发射短引信人雨弹,高射角发射长引信人雨弹,弹距基本相等,使人雨弹在不同高度同一水平距离相继爆炸,弹着点在云内呈立体垂直梯形分布。

　　(3)水平射击组合

　　当云体逼近炮站时,用相同扇面,低射角发射长引信人雨弹,高射角发射短引信人雨弹,弹距基本相等,使人雨弹在同一高度,不同水平距离迅速相继爆炸。弹着点在云内呈平面梯形分布。

　　(4)同心圆射击组合

　　当云体移到天顶时,用低射角发射长引信人雨弹,高射角发射短引信人雨弹,连续旋转点射 360°若干圈。弹距基本相等,使人雨弹在天顶周围同一高度上形成同心圆。

　　(5)后倾射击组合

　　当云刚移过炮站呈后倾状态时,用相同或上小下大的扇面,不同射角发射相同引信的人雨弹,弹距相等,使人雨弹组成一个后倾平面或梯形相继迅速爆炸。

　　(6)扇形点射

　　当作业云减弱时,以相同引信的人雨弹,几个射角,几个扇面,对云体的某一高度进行单发连续射击,弹距基本相同。

　　(7)侧向射击

　　当雹云经过炮站侧面时,可对准云的前部,进行侧向射击。以云宽的 1/2～1/3 为扇面,以不同射角发射长引信人雨弹。

7.3.3.2　高炮防雹用弹量估算

　　王雨增等(1994)曾从雹源体积、催化剂成核率、雹源含水量的多少等几个方面探讨 37 mm

高炮炮弹在早期作业中的合理使用数量,并推导给出了每个炮点一次防雹作业用弹量的计算公式。表7.5列出了高炮防雹常用的参考用弹量。

表 7.5　防雹用弹量参考表(单位:发)

雹云种类	初生期用弹量	发展期用弹量	总用弹量
中等雹云	50	100～150	150～200
弱单体	<50	<100	100
强单体(延迟无效)	100	>200	>300
弱复合单体	50	100	150

7.3.4　火箭防雹作业方法

陈光学等(2008)指出:随着作业技术水平的提高,高炮射程低、安全事故率高的缺点已越来越成为提高作业效率的障碍。20世纪90年代起,火箭的问世将中国防雹试验水平推上一个崭新的高度,火箭提高了播撒高度,实现快速、大剂量播撒。

播撒防雹原理要求及时判定冰雹生长区,然后采用作业工具在2～3 min内及时准确地过量播入碘化银人工胚胎,从而达到防雹目的。在夏季地面温度按25 ℃计算,−6 ℃层基本在5 km以上,射高8 km的火箭在常用射角60°情况下5 km以上飞行时间在20 s左右,按照播撒高度计算,能够到达防雹的理论播撒区域。

(1)火箭防雹作业用弹量计算

由于实际冰雹云极其复杂,要统一确定每个作业点或每次作业的用弹量是不现实的。

据苏联专家估计:一枚装有1 kg烟火剂(含碘化银16.8 g),成核率为$4.6×10^{14}$个/g(−10 ℃)的阿拉赞火箭,在飞行路径上边飞行边播撒,30 s内,在直径600 m圆柱体内,可产生每升10个的冰晶浓度。这样一枚火箭的播撒面积,主要取决于播撒长度和宽度。对同型号的火箭,其播撒面积是可以预先确定的。例如,苏联的一枚"阿拉赞"或"云式"火箭的播撒面积为5 km²;一枚"天空"或"冰晶"火箭的播撒面积为8 km²,如果已知作业区的面积,即可确定火箭发射数量。

作业区面积是根据冰雹生成区($Z>45$ dBz)的尺度、移向、弱回波区边界至反射率为35 dBz廓线的宽度确定的。根据他们的经验,冰雹形成的四个阶段,其用弹量是不同的。表7.6给出了一块冰雹云,冰雹形成的各个阶段的平均用弹量。由表可见,冰雹形成的后期比前期用弹量大,所以早期作业易见成效。

表 7.6　苏联冰雹形成四个阶段的平均作业用弹量

冰雹形成阶段	Ⅰ	Ⅱ	Ⅲ	Ⅳ
阿拉赞-Ⅰ型火箭(支)	6	18	30	60
埃布鲁斯-4型炮弹(发)	30	66	160	

苏联人工防雹采用目标跟踪作业法,只要降雹危险性仍然存在,就不终止人工防雹作业,直到降雹危险性消失或冰雹云移出联防区才能停止作业(图7.12,陈光学等,2008)。一次人工防雹作业过程发射的火箭或炮弹数量,视冰雹云类型、强度和持续时间而定,少则十

几发,多则上百发,对于个别强单体雹云甚至要发射数百发。催化剂的播撒轨迹取决于火箭弹弹道,而火箭弹弹道和发射仰角有关,发射仰角愈大,高度增高,而水平距离变短。

图 7.12　俄罗斯远程遥控发射系统

催化作业用弹量估算式:

$$M = \frac{VQ}{GFEn} \times 10^9 \tag{7.1}$$

式中,V 为播撒区体积(km^3),可由雷达探测估算;Q 为播撒区内的含水量(g/m^3),采用绝热含水量,可由地面气象资料或探空资料计算得到;G 为 0 ℃层高度单个不成灾冰雹粒子的水质量,一般取 0.5 g;F 为催化剂成核率(个/g)。WR-98 火箭催化剂的成核率,经云室测定为 10^{15} 个/g(-10 ℃温度条件,下同)。但在实际云中播撒,由于云内过饱和度的不均匀性,其成核率至少要降低一个量级,为此播撒量计算时取 $F = 10^{14}$ 个/g;E 为人工冰核增长成为人工雹胚的概率,一般取 10^{-4};n 为一枚火箭 AgI 的有效含量,一枚 WR-98 火箭弹的 AgI 含量为 10 g,由于火箭呈线状播撒且弹道可能产生的偏移,因此实际进入指定播撒区的催化剂只是其中的一小部分,保守考虑,设有效播撒率平均为 0.2,则 $n = 2$ g。代入式(7.1)得 $M = 0.1VQ$。

由上式可见,火箭的发射数量只取决于播撒区体积 V 和播撒区的含水量 Q。对于一块中等尺度的对流单体来说,假设播撒区体积为 10 km^3,含水量为 6～8 g/m^3,则只需发射 6～8 枚火箭弹。

(2)火箭作业播撒高度和火箭发射仰角的确定

由于火箭弹推进剂只工作 2～3 s,此后靠惯性向前飞行,火箭弹愈接近弹道最高点,飞行速度愈慢,这时播撒后,催化剂的空间浓度也就愈大。就是说,催化剂的分布主要集中在弹道的上半部分。为此,定义弹道最高点为作业播撒层上限高度(H_u),上限高度减去 1 km 为作业播撒层下限高度(H_l)。弹道最高点至火箭弹发射点的水平距离为有效作业距离 L(或有效作业半径)。根据火箭弹道轨迹,按上述定义可分别计算每个发射仰角对应的作业播撒层高度 H 和有效作业距离 L,并绘制成图 7.13(陈光学等,2008)。

根据中外有关经验,人工防雹引晶的下限高度一般取—6 ℃层高度。但是,由于冰雹云类型和引晶防雹原理的不同,其播撒高度也可取—3,—9甚至—12 ℃等不同下限高度。

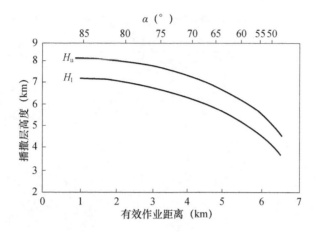

图 7.13 火箭发射仰角(α)与作业播撒层高度(H)及有效作业距离(L)的对应关系

(H_u为播撒层上限高度,H_l为播撒层下限高度)

—6 ℃层高度 $H_{(-6℃)}$ 一般可由当地探空站资料获得。如果没有探空资料,也可用当地08时地面百叶箱温度 t_s 按下列公式近似计算得出:

$$H_{(-6℃)} = \frac{t_s + 6}{0.6} \times 100 (\text{m}) \tag{7.2}$$

已知当天作业播撒层下限高度,由图 7.13 即可查得火箭当天的发射仰角。

(3)火箭作业时间和发射方位角的确定

对固定火箭发射作业点来说,雷达确定的作业部位刚进入火箭有效作业距离(或作业半径)时,即可立即实施作业。

利用雷达站距离—方位图,根据雷达站给出的作业区坐标,即可换算出火箭发射作业点的发射方位角,或利用计算机直接算出火箭发射点的方位角。

考虑到人工雹胚形成有一定的时限,人工防雹作业时应抓紧时间适当提前作业。在瑞士开展的大规模试验—IV中就发现,在雹暴中成雹动能通量尚未出现或很小时,发射火箭弹可有效地形成大量人工雹胚,与自然雹胚一起参与对云中过冷水的有力争食,有效地减弱云中的冰雹动能通量。而延迟发射火箭弹(10~20 min),反而使整个雹暴生命期内的总冰雹动能增加,这可归结为播撒冰雹云的动力催化效应。

(4)作业效果的初步判断

高炮、火箭播撒作业后,雷达应继续对作业目标云进行追踪观测和取样(存储观测资料),特别应注意作业播撒层以上的回波强度,强回波顶高,较强回波区面积以及回波增长速率等能较好反映作业效果的雷达参数随时间的演变。当出现回波强度减弱,强回波顶高下降,较强回波区面积缩小,或提前出现降水时,均可判别为作业有效。反之,则可判别作业效果不明显,或者说降雹危险性依然存在。这时需指挥下一个高炮、火箭发射点继续催化作业,直至作业云体减弱,降雹危险解除,或者在主体单体前部(或右侧)不再出现具有降雹危险性的新生单体,才能停止作业。

7.3.5　雷达指挥人工防雹作业的几点要求

为了充分发挥雷达在人工防雹作业中的重要作用,减少灾害损失,对雷达指挥人工防雹作业有以下几点要求:

(1)应尽量选用 5 cm 或 3 cm 波长的数字化天气雷达,或具有多普勒、双线偏振等多功能的天气雷达。人工防雹中云体的高度信息非常重要,快速及时地获取云体的高度信息,对冰雹的识别、作业的高度、方位、用弹量及作业时机的选择等非常重要。因此,最好采用人工进行雷达观测、指挥防雹,新一代天气雷达可作为人工防雹的预警雷达使用。

(2)雷达应尽量设置在人工防雹作业区下游或右侧,高炮、火箭发射点与雷达站的距离最远不应超过 60~100 km。

(3)高炮、火箭发射点布设应根据冰雹云的移动和演变规律,尽量选择在冰雹云初生或发展路径上,以便实施早期催化作业。

(4)在人工防雹的开始阶段,火箭、高炮可同时并用,交叉布点,使长短火力互为补充。

7.3.6　全覆盖作业点作业方法

作业点的数量取决于作业保护区面积和火箭的有效作用距离。根据苏联防雹作业布局的要求:各作业点的火力覆盖区的总面积应大于作业保护区总面积的 1/4,使各作业点的火力覆盖区出现部分叠合或交叉,以使雹云在作业保护区的任何部位出现都有合适的作业点对其进行有效作业。另外,为了防止雹云在作业保护区以外发展,进而移入作业保护区而延误作业时机,苏联一般采取在作业保护区上游增设作业点,使火力覆盖区外延 5~10 km。这样,在雹云移入作业保护区之前,就可对其实施预备性作业。中国一般采用箭、炮搭配的作业方式,在冰雹云生成的初级阶段,尽可能采用火箭作业,提前播撒通过“利益竞争”机制争食水分,使冰雹长不大。当冰雹云进入防区后,云内已形成较大冰雹,此时采用高炮通过爆炸原理泄雹。主要是控制好冰雹落区,尽量减小损失。

7.3.7　防雹作业方案设计

提前制定科学的防雹作业方案并严密地组织实施是防雹作业成败的关键。防雹作业方案设计主要包括:雹云的预报、预警、跟踪监测;确定作业目标、作业布点;确定作业时机、作业部位、催化剂量、作业方式及作业指标的选择等。具体作业方式的选择还应包括一次天气过程拟投入的作业高炮、各炮位开始和终止作业时间,射击方式、炮弹使用量的确定,地面监测网的联网跟踪监测,科学的决策指挥,快速反应的通信和信息传输等。

(1)作业目标云(雹云)的确定

中外大量研究表明,人工防雹作业的目标云类型主要包括单体雹云、多单体雹云和超级单体雹云 3 类。

单体雹云:形成条件受地形和局地天气条件影响较大,具有局地性强、生命史短的特点。通常在 30 min 内由浓积云发展成为冰雹云,随即可降雹。对这类雹云要在及早发现的基础上,迅速及时地开展作业,往往可收到较好的效果。

多单体雹云：多单体雹云多产生在天气系统下，如盛夏锋面、切变线或飑线过境时的雹暴、中尺度对流复合体等。若以回波形状判别可分为 5 种，单带、双平行带、平行短带、涡旋状回波及并存多单体回波。对这种雹云作业，要采取多点联防、连续跟踪、提前作业的方式。

超级单体雹云：超级单体是在盛夏强冷空气及强风切变天气背景下形成的强对流风暴，具有生命史长、破坏力大的特点。此类雹云在雷达回波上可见弱回波区、回波"穹窿""悬垂"回波及回波"墙"等特征。对这类雹云要提前作业，确定有效作业部位。

（2）作业时机的确定

实施人工防雹作业，作业时机的选择尤为重要。作业时机的确定要依据实时雷达监测结果，结合其他实时资料，如实时天气图、卫星云图、闪电监测结果、自动气象站以及强对流预报相关产品等综合分析后做出选择。一般当雷达回波强度不低于 35 dBz，且回波顶高在 5 min 内明显上升 1 km 以上，表明云体处于从雷雨云向冰雹云发展的跃增阶段，此时应选择为作业开始时间。另外，在雹云单体初生时或雹云形成前的雷雨云阶段提前作业，也可在保护区的上风方，在保护区上游提前作业，这类作业方法可收到好的防护效果。

根据陕西冰雹云提前识别及预警的研究结果，冰雹的酝酿是雷达强回波 45 dBz 的高度在 0 ℃ 层以上 2900 m，雷达强回波 45 dBz 高度越高，持续时间越长，形成的冰雹越大，造成的灾害越大，因此通过雷达观测，45 dBz 强回波高度刚在 0 ℃ 层以上 2900 m，开始防雹作业为最佳作业时机。

（3）作业部位的确定

作业部位应选择在雹云中自然雹胚形成、增长的区域。该区域应根据雷达实时监测结果确定。

根据许焕斌等（2000）的研究提出的人工防雹作业概念模型认为，不论何种类型的雹云，其流场都是对流性的，其中必然存在一个主上升气流和相对于云体的水平风速为 0 的区域，并依此提出了冰雹形成的"穴道"理论（"穴道"整个体积约占总云体的 $1/16 \approx 6\%$）。因此，在实施催化防雹时，只要在"穴道"区域播撒，即可使人工雹胚参与自然雹胚"争食"过冷水而达到抑制冰雹长大的目的。根据该概念模型，提出爆炸和引晶都应在"穴道"范围内实施，二者的共同作用会收到更好的防雹效果。

（4）用弹量的确定

由于实际雹云极为复杂，要统一确定每个地区、每个作业点或每点·次作业的用弹量是不现实的。在组织实施作业前，应视作业云的强度、体积、含水量、催化剂成核率等因子进行估算。

（5）作业方式的确定

高炮防雹采用何种作业方式，关系到弹着点的入云位置和可能产生的作用效果。因此，采用合理的作业方式，是防雹作业方案设计中的重要环节。选择或确定炮射方式，需要在掌握雹云的移向、移速、距炮位的距离、所用炮弹的引信自炸时间的基础上，根据特定的查算表查出可能采用的发射方位、仰角、高度等参数，进而确定射击组合方式。

7.4　人工影响天气五段式业务流程

人工影响天气是选择适当的作业时机、在云体适当的部位、播撒适当的剂量,实现人工防雹增雨的目标。为此将人工影响天气的业务分为五个阶段,在每个阶段制定相应的业务,省、市、县、乡镇、作业点的任务不同,职责不同,不同时段人工影响天气业务任务包括以下几个部分:作业天气过程预报和作业计划制定(72—24 h);作业条件潜力预报和作业预案制定(24—3 h);作业条件监测预警和作业方案设计(3—0 h);跟踪指挥和作业实施(0—3 h);作业信息上报和效果检验(作业后)。

根据人工影响天气业务职责和业务性质,人工影响天气业务分为日常业务和重大服务两类。当本省区域内根据需求开展飞机联合作业或针对重大事件/活动启动人工影响天气保障服务时,省级启动专项服务,根据重大服务保障需求申请国家级业务部门支持,同时应制作发布相应作业过程预报、作业条件潜力预报、作业条件临近预警。当开展飞机联合作业时,应配合区域中心制作作业计划、预案、方案,滚动修订作业方案,组织飞机联合作业,开展作业信息收集和作业后的效果检验分析工作。

以下分省级、市、县、乡镇、作业站分别安排各级日常业务主要任务与要求。

7.4.1　省级任务

(1)作业天气过程预报和作业计划制定(72—24 h)

当气象台预报有天气过程影响本省时,省级人工影响天气业务单位根据作业需求,编制飞机和地面作业计划,向飞机指挥及外场作业人员、拟开展地面作业的市、县发布。

飞机作业计划包括作业飞机部署、作业时段和作业区域、开展作业前准备等。地面作业计划包括地面作业时段、作业区域、弹药准备等。

(2)作业条件潜力预报和作业预案制定(24—3 h)

根据作业过程预报和作业计划,当未来 24 h 内有降水(冰雹)天气系统影响本省区时,制作发布未来 24—3 h 作业条件潜力预报。主要使用国家级下发的作业条件潜力预报产品,同时利用区域模式或本省中尺度模式输出云物理参量;参考省气象台短期预报、短时预报和灾害性天气预报;结合卫星、雷达等实况监测和本省作业概念模型、作业指标;以 MICAPS、CPAS 为分析平台,通过人机交互方式制作本省未来 24—3 h 作业条件潜力预报。潜力预报包括云系性质和结构、潜力区分布、作业时段、作业方式等,每天定时向市县人工影响天气业务单位发布。

根据作业条件潜力预报和作业需要制作飞机作业预案,包括作业云系类型、作业区域、作业对象、作业时段、作业部位、催化方式等,每天定时向飞机作业指挥和外场作业人员发布,以申报飞行作业计划。

根据作业条件潜力预报,制作全省地面作业预案,包括作业云系类型、作业区域及高度、作业时段、作业方式和弹药准备等,每天定时向本省开展地面作业的市县发布。

省级人工影响天气业务指挥中心应开展人工影响天气模式产品检验,包括模式与实况降水对比检验、宏微观云场的对比检验,定期向国家级上报模式检验结果。

（3）作业条件监测预警和作业方案设计（3—0 h）

当临近作业时，省级人工影响天气指挥中心制作并滚动订正作业条件监测、预警和作业方案，并向实施作业的部门及时发布。

作业条件监测、预警主要利用雷达、卫星、探空、风廓线、自动气象站和微波辐射计等实时探测资料，以及国家级下发的人工影响天气云降水监测产品和模式滚动预报产品，省气象台的短时临近预报产品和灾害性天气预警产品，同时参考中尺度模式快速同化系统输出的云降水变量，应用本省增雨（雪）、防雹概念模型和指标，以 CPAS 或 SWAN 为平台开展。

飞机作业方案设计包括作业云系性质和结构、作业时段、作业区域、作业对象、作业部位、催化方式、飞行航线和备降机场等。飞机作业方案应实时滚动订正，并于作业前向国家级上报。

地面增雨（雪）、防雹作业方案包括作业目的、作业时段、作业区域、作业站点、装备类型、作业方式和作业参数等，并实时滚动订正，向作业市、县和作业站点发布。

（4）跟踪指挥和作业实施（0—3 h）

① 飞机作业

指挥中心：开展跟踪指挥，包括实时接收飞机传下的飞行信息、作业信息、记录的云宏观信息和云粒子探测信息，结合地面雷达实况及其他云降水实时监测数据，实时跟踪作业目标云的演变，根据播云催化条件和影响飞行安全的因素，实时修正飞行作业航线，协调解决飞行作业中的突发情况，准确发布飞机作业各项指令，实时指挥飞机飞行作业。

逐步实现飞行作业全过程的动态监控，在飞行结束后，按有关技术规范，及时完整收集作业信息和云降水等天气实况信息。

飞机作业外场：根据飞机作业方案提前做好催化剂装配、机载云物理探测设备调试、登机观测记录等工作。实时接收地面指挥中心上传的作业指令，将飞行航迹、作业播撒情况、云宏观观测记录和云粒子探测信息回传本省指挥中心。根据作业指令和飞机实时观测，选择合适催化方案（剂量），实施精准催化作业。

② 地面作业

省级人工影响天气指挥中心加强雷达等数据在实时作业地面作业指挥中的应用能力，通过精细化指挥系统测算各地面作业点的作业参数，实时、客观地发布地面作业参考指令；遇有区域性冰雹天气过程或跨市级联防作业时，根据需要组织跨区域联防作业，发布作业指令，实施跟踪指挥。同时监控空域申报批复信息，接收作业动态信息，实现对作业情况的全过程监控。按照国家相关要求，完成作业信息收集上报。

（5）作业信息上报和效果检验（作业后）

当作业过程结束后，省级人工影响天气业务单位应及时开展覆盖人工影响天气作业天气过程预报、潜力预报、跟踪指挥、外场执行、作业效果等全过程的作业效益、效果综合评估工作。应利用卫星、雷达、地面降水和人工影响天气特种观测等实况资料，对预报结论、执行情况、作业效果进行综合评估。根据催化剂扩散传输计算方案，确定作业影响区和对比区，给出作业影响面积。进行作业影响区、对比区以及作业前、后云降水宏微观特征量的动态变化分析，提出作业效果物理响应证据，给出基于多物理参量区域动态对比变化率的计算分析结果。

在作业季结束后，省级人工影响天气业务单位参照国家级下发的方法和技术指南，结合本省作业特点，基于地面降水等资料，开展针对作业过程和整个年度的人工增雨（雪）（飞机、地面）、人工防雹作业效果定量统计检验工作，编制并上报效果检验报告。

根据用户要求,省级人工影响天气业务单位应及时收集飞机和地面作业信息、云降水信息、水文、粮食、环境和生态等相关信息,采用科学合理的作业效果综合评估技术方法,进行作业效益的综合评估,定时、定期编制评估报告,提供各类用户和本级政府。

7.4.2　市级任务

(1)作业计划制定(72—24 h)

当省级人工影响天气业务单位发布作业过程预报时,市级人工影响天气业务单位要结合当地气象台预报,根据本地需要及时制订作业计划。包括部署作业装备、作业时段和作业区域,开展作业前准备等。

开展飞机作业的市,参照省级业务制定飞机作业计划,及时申报飞行空域计划。

(2)作业预案制订(24—3 h)

市级人工影响天气业务单位根据省级发布的潜力预报和作业预案,通过人机交互分析设计本辖区内未来 24 h 增雨(雪)、防雹作业预案,包括作业区域、作业时段、作业目的、适宜的作业方式等。

开展飞机作业的市,参照省级业务同步设计飞机作业预案。

(3)作业条件监测、预警和作业方案设计(3—0 h)

根据上级下发的监测、预警产品,结合本地雷达资料和作业指标,滚动制作并下达地面增雨(雪)、防雹作业方案,包括作业目的、作业站点、装备类型、作业方式和作业参数等。

开展飞机作业的市,参照省级业务设计飞机作业方案。

(4)作业跟踪指挥(0—3 h)

①指挥中心

市级人工影响天气指挥中心提高基于雷达等客观数据在实时作业指挥中的应用能力,依托上级精细化指挥系统测算辖区各地面作业点的作业参数,实时、客观地修订发布地面作业指令;遇有区域性冰雹天气过程或跨县级联防作业时,根据需要组织跨区域联防作业,实施跟踪指挥。市级实时接收作业站点回传的作业信息,实现对作业情况的全过程监控。按照省级关于地面作业信息的相关要求,及时上报作业信息到省级指挥中心。

②作业外场

开展飞机作业的市,参照省级业务开展飞机跟踪指挥和作业实施。

(5)地面作业效果检验(作业后)

作业过程结束后,根据上级提供的作业效果评估业务系统开展本辖区地面作业效果检验工作,有条件的市可参照省级建立覆盖人工影响天气作业天气过程预报、潜力预报、跟踪指挥、外场执行、作业效果等全过程的作业效益效果评估工作。及时向上级主管部门汇总上报本次作业过程的效果情况。

根据用户要求,市级人工影响天气业务单位应收集飞机和地面作业信息、云降水信息、水文、粮食、环境和生态等相关信息,结合作业效果评估结果,进行作业效益的综合评估,定时、定期编制评估报告,提供各类用户和本级政府。

7.4.3　县级任务

(1)作业计划准备(72—24 h)

当省级人工影响天气业务单位发布作业过程预报,或市级修订发布作业计划时,县级组织开展相关作业装备集结、作业弹药调集等任务。

（2）作业预案部署（24—3 h）

当上级发布作业潜力预报和作业预案，县级组织相关装备、弹药安全检查，人员 24 h 值守，按照上级要求部署作业预案。

（3）作业方案修订（3—0 h）

根据上级下发作业方案，滚动发布本辖区内地面增雨（雪）、防雹作业指令，包括作业目的、作业站点、装备类型、作业方式和作业参数等。有条件的县级结合本地作业概念模型和作业指标对上级作业方案进行修订。

（4）作业跟踪指挥（0—3 h）

县级指挥中心结合本地实况观测和上级下达的作业指令组织申报作业空域，并将批复作业信息直传到作业站点。有条件的县级结合雷达观测和本地作业概念模型、作业指标对上级作业指令实时修订，跟踪指挥辖区内作业点实施精细化作业。实时接收作业站点回传的作业信息，实现对作业情况的全过程监控。按照省级关于地面作业信息的相关要求，及时上报作业信息到省级指挥中心。

（5）作业信息上报（作业后）

作业过程结束后，县级人工影响天气业务单位根据作业信息上报规范，及时完整准确汇总上报作业信息；向主管部门上报本次作业过程的效果情况。

7.4.4　乡镇级任务

（1）作业计划组织（72—24 h）

当县级人工影响天气业务单位开展作业计划准备时，乡镇级根据要求组织完成相关作业装备集结、作业弹药储运任务。

（2）作业预案落实（24—3 h）

当县级发布作业预案，乡镇级迅速按照要求组织相关装备、弹药安全检查，安排作业人员 24 小时值守。

7.4.5　作业站级任务

（1）作业方案准备（24—0 h）

根据上级作业方案部署，完成相关装备、弹药安全检查任务，人员进入工作阵地，准备作业。

（2）作业实施（0—3 h）

根据上级下达作业指令和批复作业空域，严格按照安全操作技术规范实施作业，随时反映作业站作业情况。

（3）作业信息上报（作业后）

作业过程结束后，作业站根据作业信息上报规范，及时完整准确上报作业信息，记录作业弹药使用情况；向乡镇和上级主管部门上报本次作业过程的效果情况。

第8章

防雹增雨作业效益评估

人工影响天气效果检验是一个极为重要但又非常困难的课题,是当前中外人工影响天气面临的亟待解决的重大科学技术问题之一。目前采用的效果检验方法有随机试验,要求试验时间较长、样本大,并且要求放弃一半的可作业机会,在一般业务作业中难以实现。非随机试验,通常假设自然降水在时间、空间上是平稳的,实际作业很难满足这个假设条件,从而降低了效果评估的可靠性。目前效果评估方法常采用统计检验、物理检验、数值模拟检验等。

对旬邑冰雹谱特征和防雹效果分析表明:高炮作业区比未作业区落地冰雹动能、冰雹质量、冰雹动能通量分别降低 75%、58%、41% 和 55%;多物理参量检验防雹效果的研究表明,最大冰雹直径、数密度以及降雹持续时间分别减少了 36.4%、47.8% 和 42.8%,其通过了显著性水平为 0.02 的检验,人工防雹作业有一定的效果,但是不能杜绝冰雹的发生。随着经济的发展和设施农业特别是果业发展,各级政府及群众对人工防雹提出了更高的要求,必须通过人工防雹、地面布设防雹网、农产品的保险等多种途径保障农业特别是果业的生产。

人工增雨效果评估是体现人工增雨技术科学水平和量化经济效益的重要环节,也是各级领导决策的重要依据。然而,由于云和降水自然变率很大,并受不同时期气候、天气制约,以及探测技术和仪器设备的局限性,现阶段人们对云、降水物理过程还未完全了解,因此,进行严格的效果检验在中外都是一个极为困难的问题。

8.1　高炮、火箭增雨作业效果评估方法

高炮、火箭主要分布在乡镇、村等基层,以县(区)为单位开展人工增雨作业,效果评估方法应该是简单、实用、便捷,并且有统一标准。定性评估以物理效果检验中的雷达回波作业前后对比为主要方法;定量评估采用相对增雨量(ΔR),即作业后 3 h 影响区平均雨量(R_a)与非影响区平均雨量(R_b)进行对比,计算出相对增雨量(ΔR),即 $\Delta R = R_a - R_b$。作业区选择高炮、火箭作业影响的乡镇。作业区影响面积的估算用 $S = \pi r^2$ 计算,S:催化影响面积;π:圆周率;r:高炮射程半径(3.5 km),火箭射程半径(6.0 km),每门高炮作业后影响面积 38 km²,每枚火箭增雨作业影响面积 108 km²。

对比区选定,在上游选择和作业区面积相当的区域作为对比区。

8.2　飞机增雨作业效果评估方法

目前,科学界应用较多的非随机化人工增雨作业效果评估方法主要采用统计学及物理学方法。

陕西省飞机增雨作业采用基于聚类分析的相关分析,先从空间上,根据气候区划将陕西省分为9个气候区,并将陕西省及其相邻7省共164个气象站根据地理分布归入不同的气候区中;再从时间序列上,将50年日雨量数据按月按雨量级别进行划分,在一定程度上对不同降水类型的雨量资料进行了分类,尽可能减小大样本历史资料对不同降水类型各站间降水关系特征的平滑,通过正态分布的检验及变换后,利用现代统计学原理,分析时间、空间属性一致的雨量资料两两的相关关系并建立回归方程,随后建立各站点间相关关系及一元线性回归方程,进行显著性检验。

8.2.1　系统总体设计

陕西省飞机人工增雨效果评估是基于 ArcGIS 技术,系统采用 C/S、B/S 混合架构,即计算机程序、浏览器页面和服务器模式,操作人员可以通过计算机程序使用系统,也可以通过浏览器使用该系统,满足了资料共享、方便操作的需求。系统根据人工影响天气中心数据处理平台上的气象资料数据,利用现代统计学原理和聚类分析方法,开展基于聚类的分散对比区历史回归人工增雨效果统计检验方法的定量评估;系统同时可以选取一定参数指标,对作业条件进行定性分析,最终实现作业前定性与作业后定量相结合的增雨效果评估模式。

8.2.2　系统数据库

系统整理入库了陕西省及相邻省份共164个气象站50年日雨量数据和10年自动气象站的逐时雨量数据。目前数据库中有1961—2011年08时—次日08时日降水量、1993年以来自动气象站逐时降水量等资料。对错报、漏报数据进行插值补充,保证所有样本时间序列的一致性。同时,读入陕西省地面人工影响天气作业点经纬度数据;探空站点当日500和700 hPa 08、20时温度露点差$(T-T_d)$;500 hPa 08时高空风向数据;T213数值预报模式降雨量预报结果;人工影响天气潜势预报过冷水含量产品等。

8.2.3　算法及流程

(1)计算方法

该系统的算法设计吸取了众多评估方法的经验,通过对气候带、雨量值的聚类分析和建立历史回归关系,采用不同计算方案把对比区的概念分散到不同站点,不仅更符合陕西气候条件,同时避免了人为因素对评估结果的影响。

① 作业条件定性分析。读入500和700 hPa温度露点差$(T-T_d)$,选取该值小于2 ℃闭合区域,叠加数值预报降雨量及人工影响天气潜势预报过冷水含量产品,三者重合区域为

作业条件最佳区域。

②作业区及影响区范围设置。对飞机航线扩散区域及水平输送区域进行参数设置：考虑作业后 3 h 持续有效，按扩散速率 1 m/s，飞机增雨作业后 3 h 水平扩散范围为 10.8 km。

③全省降水总量算法。利用当日自动气象站及区域站的雨量数据，作为原始离散点数据，进行常规克里金插值，通过构建不规则三角网（TIN），生成等值线，进而得到等值面的插值绘制。根据面积比和等值面雨量值，计算得到总降水量。

④作业影响区增雨量的计算。

方案一：确定出作业影响区的站点 A 后，查找所有与 A 站建立相关关系且不在作业影响区内的站点。选择与 A 站相关系数最好的站点，通过回归方程得到 A 站的理论降水量。

方案二：确定出作业影响区的站点 A 后，找到所有与 A 站建立相关关系且不在作业影响区内的站点；利用回归方程（日雨量关系没有的话调用月雨量关系），计算多个 A 站的理论降水量；采用加权平均的方法，以相关系数作为权重，得到平滑后的 A 站理论降水量。

理论降雨量同实际降雨量的差值即为 A 站增雨量。

（2）系统计算流程

聚类分析后的计算流程如图 8.1 所示。

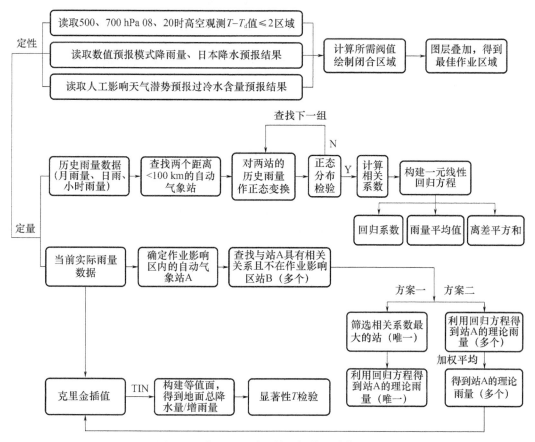

图 8.1　陕西人工增雨效果评估的计算流程

8.2.4　系统功能设计

（1）综合叠加分析，能以点、线及面的形式实现 MICAPS 数据、模式预报产品、作业信息和地理信息的精确叠加分析。通过 MICAPS 数据、模式预报产品的叠加进行作业条件的分析，实现对作业方案的质量评估。

（2）可以根据不同气候条件对温度露点差阈值、地面作业扩散系数、航线扩散系数、水平扩散系数以及雨量等值面绘制间隔进行修改及定义。

（3）可以综合考虑作业高度的风向、风速等因素，直接计算出作业影响区的面积。

（4）对于较大规模的地面作业，所有的作业点信息可以实现一键输入。输出产品包括增雨作业的影响面积、过程总降水量、作业区域理论降水量及实际降水量、作业总增雨量、增雨率及置信区间。

（5）基于 arcgis，可以按用户需要指定行政区域、气候区划、背景地图等，以及可以使用鼠标实现底图无级放大、缩小、地图漫游等。

陕西省人工增雨效果评估系统的设计方法吸取了众多评估方法的经验，结合气候带、雨量值的聚类分析建立历史回归关系，将对比区的概念分散到不同站点，使之更符合陕西气候条件。

目前，该系统已投入业务使用，并应用于 2013、2014 和 2015 年的年度增雨效果评估。与此同时，系统也发现了需要完善解决的技术问题：在较长时间序列背景下，小时雨量数据质量控制需要进一步提高。目前系统只能针对作业日的效果进行评估，后期会增加以小时为单位，针对作业过程的精确评估，不断对系统进行升级完善。

8.3　高炮防雹效果评估

人工防雹作业的效果分析方法有多种，物理检验法是其中之一，它是选用与雹云物理特征密切相关的物理量作为防雹效果检验的特征参量，如雷达回波形态、强度、顶高等指标的比较。通常有两种比较方法：一种是同一块雹云比较作业前、后雷达回波的变化；另一种是选择大致相同的两块雹云，一块作业，另一块不作业，然后进行比较。以下详细讨论两种方法的评估效果。

8.3.1　防雹作业前、后云顶高度变化

采用物理检验方法中的统计方法，分析了 2003—2007 年 5 年 22 次人工高炮防雹作业前、后 711 雷达回波的平面、高度变化，高炮人工防雹作业有明显效果。

22 次防雹作业后，云顶高度均降低，作业前云顶平均高度 11.14 km，作业后云顶平均高度 9.71 km，平均降低了 1.43 km。作业后云顶高度降低最大个例为 2003 年 6 月 19 日（第 4个个例），7 min 之内发射炮弹 84 发，云顶高度降低了 2.3 km；作业后云顶高度降低最小个例为 2007 年 8 月 11 日（第 22 个个例），3 min 内发射炮弹 63 发，作业前、后雷达采样时间相

差 7 min,云顶高度降低了 0.4 km(图 8.2、表 8.1)。

可见:以云顶高度变化来评估防雹效益,高炮人工防雹作业后降低了云顶高度,具有明显的防雹效果。

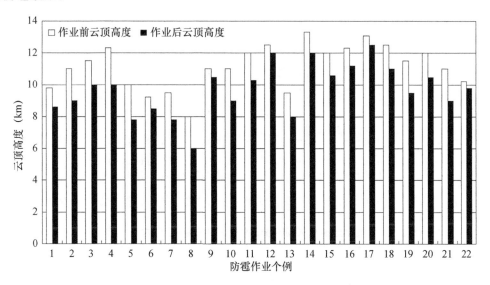

图 8.2　防雹作业前后云顶高度变化

8.3.2　防雹作业前后 45 dBz 回波高度变化

45 dBz 雷达回波高度为识别冰雹云的重要指标,防雹作业前有 3 个个例未发现最大强度为 45 dBz 的雷达回波,作业后也没有出现强度为 45 dBz 的雷达回波;有 2 个个例作业前有最大强度为 45 dBz 的雷达回波,高度分别为 6.0 和 8.5 km,作业后没有出现强度为 45 dBz的雷达回波,作业效果明显。

其余 17 次防雹个例,防雹作业前 45 dBz 平均高度 9.02 km,作业后 45 dBz 平均高度降低到 7.82 km,平均降低了 1.20 km。将作业前 45 dBz 回波高度分为 10 km 以上和 10 km以下两档统计发现:45 dBz 回波高度在 10 km 以上作业后平均高度降低 0.97 km,而45 dBz回波高度在 10 km 以下作业后平均高度降低了 1.33 km,可见防雹作业对 45 dBz 回波高度在 10 km 以下对流单体效果比 10 km 以上对流单体明显。

图 8.3 为两块对流云防雹作业前后雷达回波高度变化特征。A 块对流云 17 时 25—30 分实施了防雹作业,发射炮弹 48 发,作业后回波强度由 50 dBz 减弱到 45 dBz,45 dBz 雷达回波高度由 6.0 km 降低到 3.8 km,作业效果明显;C 块对流云 17 时 31—33 分实施了防雹作业,发射炮弹 106 发,作业后回波强度没有减弱,45 dBz 雷达回波高度由 11.5 km 降低到 10.6 km,仍为冰雹云团。因此,对弱单体冰雹云实施防雹作业效果明显,而冰雹云初期雷达回波高度、45 dBz 回波高度及雷达回波强度较低,提前实施防雹作业,可能是人工防雹作业成败的关键。

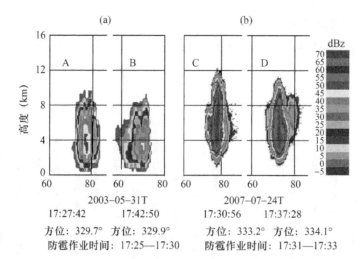

图 8.3 2003-05-31(a)、2007-07-24(b)两块对流云实施人工防雹作业前、后高显变化

表 8.1 防雹作业前后云顶高度、45 dBz 回波高度、回波最大强度变化

防雹作业个例	日期（年-月-日）	人工防雹时间	发射炮弹（发）	防雹作业前				防雹作业后			
				雷达观测时间	云顶高度（km）	45 dBz高度（km）	回波最大强度（dBz）	雷达观测时间	云顶高度（km）	45 dBz高度（km）	回波最大强度（dBz）
1	2003-05-31	17:25-17:30	48	17:27	9.8	6.0	50	17:43	8.6	3.8	45
2	2003-05-31	18:25-18:30	53	18:00	11.0	7.8	60	18:14	9.0	6.0	55
3	2003-06-01	13:23-13:27	126	13:12	11.5	8.5	55	13:20	10.0	7.7	50
4	2003-06-19	12:48-12:55	84	12:48	12.3	8.8	50	12:57	10.0	8.2	50
5	2003-07-06	13:55-14:10	82	13:54	10.0	无	30	14:21	7.8	无	10
6	2003-09-21	19:14-19:16	90	19:12	9.2	6.5	50	19:17	8.5	4.8	45
7	2004-06-17	14:42-14:48	50	14:37	9.5	6.0	40	14:49	7.8	无	35
8	2004-06-21	17:20-17:25	89	17:20	8.0	无	40	17:29	6.0	无	20
9	2005-08-03	16:15-16:20	58	16:12	11.0	无	35	16:19	10.5	无	35
10	2005-06-27	20:30-20:48	190	20:25	11.0	4.0	50	20:48	9.0	3.8	45
11	2006-06-24	13:59-14:15	278	15:09	12.0	9.5	50	15:38	10.3	8.5	50
12	2006-06-25	14:26-14:36	419	14:19	12.5	9.2	55	14:46	12.0	7.6	45
13	2006-06-26	17:13-17:30	29	17:11	9.5	7.5	55	17:34	8.0	6.0	45
14	2007-07-24	17:12-17:14	120	17:12	13.3	12.1	60	17:15	12.0	11.6	60
15	2007-07-24	17:19-17:21	175	17:17	12.0	11.4	60	17:22	10.6	10.6	60
16	2007-07-24	17:31-17:33	106	17:30	12.3	11.5	60	17:37	11.2	10.6	60
17	2007-07-24	17:45-17:50	28	17:44	13.1	12.0	60	17:52	12.5	11.6	60
18	2007-07-26	15:30-15:40	60	15:30	12.5	10.5	70	15:48	11.0	9.5	65
19	2007-07-26	16:21-16:25	63	16:22	11.5	8.5	60	16:30	9.5	无	30
20	2007-07-26	16:35-16:37	75	16:34	12.0	10.5	70	16:43	10.5	8.3	60
21	2007-08-11	16:00-16:26	63	15:57	11.0	9.0	65	16:26	9.0	6.0	55
22	2007-08-11	16:30-16:33	63	16:29	10.2	8.5	70	16:36	9.8	8.3	70

8.3.3　防雹作业前、后雷达回波强度变化

据 22 个防雹个例统计:防雹作业前雷达回波平均强度 54.3 dBz,人工防雹作业后平均回波强度 47.7 dBz,平均降低 6.6 dBz;回波强度降低最大 30 dBz 的个例只有 1 次,有 2 次个例作业后雷达回波强度降低了 20 dBz,有 4 次个例防雹作业后雷达回波强度降低了 10 dBz,有 7 次个例防雹作业后雷达回波强度降低了 5 dBz,有 8 次防雹作业后雷达回波强度没有变化。可见仅以雷达回波强度作为效果评估只有 63% 防雹作业有效,由于 711 雷达回波强度以 5 dBz 的间隔为色标,读数误差较大,效果评估误差也较大。

8.3.4　两块冰雹云防雹效果分析

采用物理效果检验方法中的动态雷达回波参量法分析了 2007 年 7 月 24 日两块冰雹云防雹作业前、后动态雷达回波特征。对雹云 A 实施防雹作业 1 次,最大回波强度降低 10 dBz,45 dBz 回波顶部高度降低 0.8 km,云体变宽、减弱,平面显示:回波面积扩大,云体分裂,移动停止,并和后面的云团反向合并;对 B 块冰雹云实施防雹作业 4 次,作业后云顶高度下降 0.4～1.3 km,平均降低 0.85 km,45 dBz 顶部高度下降 0.4～0.9 km,平均降低 0.65 km,平面显示:前 2 轮作业后,云体分裂成 2 个单体,面积增大,第 3、4 轮防雹作业后云体面积继续扩大、分裂。两块冰雹云的高炮人工防雹作业均有效。

8.3.4.1　冰雹云的识别

根据"九五"国家科技攻关成果,陕西省旬邑县(宝鸡与旬邑相邻,陇县与旬邑同属渭北地区)冰雹云识别指标为冰雹云初期回波和强回波都出现在 0 ℃ 层到 −5 ℃ 层之间,在云体的中上部,强冰雹云 45 dBz 回波顶高大于 8 km,弱冰雹云 45 dBz 回波顶高为 7～8 km。另外,结合宝鸡地区冰雹云雷达识别指标——7 月 45 dBz 回波高度不小于 7604 m 属冰雹云的酝酿阶段。可以判断 A 块对流云作业前的 16 时 33 分(45 dBz 回波顶高 7.93 km)为弱冰雹云。16 时 21 分,观测到的 B 块对流云(形成于甘肃境内,云顶高度 10.5 km,45 dBz 回波顶高 9.2 km)为强冰雹云。

8.3.4.2　防雹作业方法

防雹作业的炮点为陇县新集川、固关等七个作业点,海拔高度为 1148～1658 m,平均海拔高度 1336 m,作业中使用 37 mm 高炮,使用的炮弹为重庆 152 厂生产的 13～17 s 引信的"三七"炮弹,以发射仰角 60° 计算,水平自炸距离 2779～3352 m,最大水平距离 8189.2 m;炮弹自炸最低高度 5238～5749 m,平均 5426 m;加上海拔高度炮弹实际自炸最高高度 5881～6391 m,平均 6060 m(表 8.2)。炮点用弹量参照《高炮人工防雹增雨作业业务规范》,A 块冰雹云为弱单体,用弹量小于 50 发,实际 A 块冰雹云用弹量 22 发;B 块冰雹云属于强冰雹云,用弹量大于 300 发,实际 B 块冰雹云用弹量 439 发,根据炮点、云体位置及雷达观测的回波强度指挥炮点作业,给出各炮点作业用弹量。

表 8.2　作业炮点"三七"炮弹自炸高度及用弹量

炮点名称	新集川	火烧寨	曹家湾	李家河	温水镇	固关乡	天成乡	平均
海拔高度(m)	1658	1459	1296	1320	1178	1291	1148	1336
炮弹自炸最低高度(m)(仰角60°)	5749	5549	5386	5410	5268	5381	5238	5426
炮弹自炸最高高度(m)(仰角60°)	6391	6192	6029	6056	5911	6024	5881	6069
发射炮弹(发)	83	80	74	54	38	84	23	62

16时21分雷达观测到回波A(图8.4),16时25分陇县人工影响天气指挥中心集中申请空域并通知各炮点准备实施防雹作业,依据空域时间和云体移动位置,距离回波A最近的新集川炮点在16时35—37分,以方位260°~290°,仰角55°,60°,前倾梯形射击组合方式实施单点防雹作业,发射炮弹22发。16时35分,45 dBz强回波高度范围在3630~8830 m,炮弹实际自炸高度5749~6391 m,作业时新集川离雹云的水平距离2.5 km,因此炮弹在云团强回波区的中部爆炸。

B块冰雹云16时21分形成于甘肃境内(图8.4),云顶高度10.5 km,45 dBz回波顶高9.2 km,距离陇县最近的炮点25 km。16时44分B块冰雹云与A块冰雹云反向合并,16时57分进入陇县向东南方向移动。在移动过程中,17时12—14分,第一轮5个炮点实施了防雹作业,两个炮点以前倾射击组合方式作业,另外3个炮点在侧面,以侧向连续射击方式作业,总共发射炮弹120发;第二轮作业时云团已经移到新集川上空,17时19—21分,6个炮点使用了同心圆、侧向、前倾、水平四种射击组合参与了防雹作业,发射炮弹175发,为发射炮弹最多的一轮;17时31—33分第三轮7个炮点使用了后倾、侧向、前倾、水平四种射击组合实施了防雹作业,发射炮弹106发,为参与炮点最多的一次;第四轮17时45—50分两个炮点以两种射击组合实施了作业,发射炮弹28发。整个过程消耗炮弹439发,作业炮弹爆炸高度在5238~6391 m,部位均在云体的中部和中下部。

8.3.4.3　防雹作业效果分析

(1)A块冰雹云的防雹作业效果

A块冰雹云在防雹作业后,RHI上最大回波强度减弱10 dBz,45 dBz回波顶部高度降低0.8 km,云体变宽、减弱(图8.4a);PPI上回波面积扩大,云体分裂,移动停止,并和后面的云团反向合并(图8.4b)。作业后地面有降雨,没有发现降雹,可见,在冰雹形成初期,及时防雹作业有效地抑制了冰雹云的发展,作业效果明显。

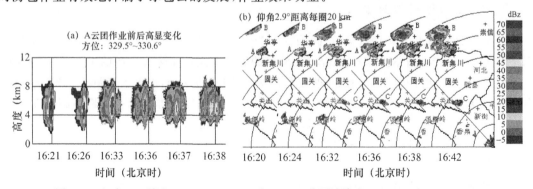

图 8.4　宝鸡711雷达2007-07-24 T16时20—42分回波演变(a.RHI,b.PPI)(见彩图)

（2）B 块冰雹云的防雹作业效果

B 块冰雹云移动到陇县境内时已经发展成熟,在后续的移动过程中实施了 4 轮防雹作业。每轮作业后云顶高度、45 dBz 顶部高度均明显降低:云顶高度下降 0.4～1.3 km,平均降低 0.85 km;45 dBz 顶部高度下降 0.4～0.9 km,平均降低 0.65 km;每轮作业后云体宽度均变大(表 8.3)。

表 8.3　防雹作业时间及云顶高度、45 dBz 高度、回波宽度随时间的变化

雷达观测时间	17:12	17:15	17:17	17:22	17:30	17:37	17:44	17:52
云顶高度(km)	13.93	12.63	12.63	12.23	12.93	11.83	13.73	13.13
45 dBz 高度(km)	12.73	12.23	12.03	11.23	12.13	11.23	12.63	12.23
回波宽度(km)	18.0	21.0	20.0	21.0	15.0	16.4	13.6	17.4
作业时间	17:12—17:14		17:19—17:21		17:31—17:33		17:45—17:50	

图 8.5 为 4 轮作业前后雷达 RHI 的变化,每两幅图为一轮作业前后对比,最后一组对 60～80 km 处对流云作业,雷达观测仰角的机器误差为 0.2。

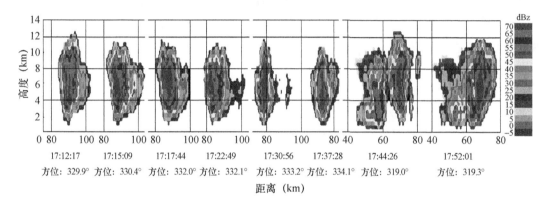

图 8.5　B 云团 RHI 回波演变特征(见彩图)

PPI 上:17 时 11 分回波 B 发展为强单体,经过 17 时 12—14 分、17 时 19—22 分 2 轮作业后,云体面积增大,分裂成 2 个单体;第 3 轮 17 时 31—33 分作业后云体面积继续扩大、分裂,17 时 45 分分裂云体与移动方向前的新生单体同方向合并(图 8.6)。B 块冰雹云在实施人工防雹作业期间,冰雹云虽然有减弱趋势,但地面仍然出现降雹,防雹作业效果不明显。可能的原因是:一回波 B 移动到陇县境内时已经发展成熟,形成了强单体;二防雹作业采用小计量、多轮作业,没有彻底降低强回波区 45 dBz 高度和云顶高度。

雷达、炮点方位的准确标定、雷达回波图与炮点位置的实时叠加等地理信息的使用,为科学、准确实施防雹作业提供了技术保障;炮点的海拔高度较高和长时效炮弹的使用,使防雹催化部位在云体的中部,是这次防雹作业效果明显的因素之一。回波 A 的防雹作业耗弹量 22 发,由于判断准确、作业早,地面没有出现降雹,出现了降雨;回波 B 在防雹作业时雹云已经发展成熟,虽然耗弹量 439 发,每轮作业后云顶高度、45 dBz 高度均有所降低,但没能阻止地面降雹的发生,因此冰雹云的早识别、早防雹作业可能是防雹成功的关键。

人工防雹作业中,作业时机的选择非常重要,指挥人员应注意天气图、云图、闪电监测及

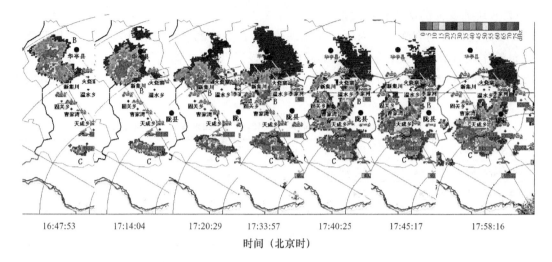

图 8.6　B、C 云团 PPI 的演变及与炮点的相对位置(仰角 3°,距离每圈 30 km)

数值模拟等结果的综合分析,提前预警,使炮手提前做好防雹的一切准备工作;在对流云出现时指挥人员应依据实时雷达监测结果,准确判断,适时指挥炮手开展防雹作业,才能取得良好的防雹效果。

第 9 章

人工影响天气探测新设备

近些年来,探测技术有了迅猛发展,尤其是电子技术和计算机技术的发展,使大气观测能力和水平、获取资料的质量和数量,都有了很大的提高。但是,有些人工影响天气需要的关键要素和参量,仍然无法直接获得,开展人工影响天气作业仍然受到相当大的限制。发展观测和遥测技术,目的在于了解云、降水动力学和微物理学的响应变量的基本特征,进而为更科学地开展人工影响天气提供依据。

9.1 风廓线雷达

风廓线雷达(Wind Profiling Radar,WPR)是一种特殊的测风雷达,它实际上是一种晴空探测雷达,探测的是大气折射指数,而不是云或其他示踪物体。风廓线雷达对大气中随高度分布的风矢量进行连续观测,通过检测大气湍流反射的微弱信号来实现测风的目的,加装RASS(Radio Acoustic Sounding System)后可以同时探测大气温度分布。风廓线雷达最大的优点就是测量结果的连续性和实时性,并有很高的时间和空间分辨率。随着科学技术的进步,风廓线雷达技术已趋于成熟,已经成为连续、实时地遥感大气风场的有效设备。

9.1.1 风廓线雷达测风原理

风廓线雷达(图 9.1)的测风原理是根据 Bragg 散射理论,即风廓线雷达发射的电磁波遇到大气中随风飘移的湍流体时,湍流体中尺度为 VHF 频段或 UHF 频段电磁波会对发射的射频脉冲产生微弱的后向散射,其强度与湍涡的物理性质有关,其中含尺度为风廓线雷达半波长的湍涡成分越多,回波强度也越大,回波中包含的平均多普勒频移与风的平均运动速度成正比,回波功率谱宽度与风的速度谱宽度成正比。

在各方向的观测中,雷达连续发射 N 个重复周期的探测脉冲,接收以空间分辨力刻度显示的各高度层湍流产生的散射波。各高度层湍流产生的散射波返回到天线的延时为 t 可知,而目标的径向速度 V_r 可以从多普勒速度方程中获得。其回波信号功率和平均径向速度以及回波信号的谱宽可以用公式取得,回波信号经过系列处理,最后求得相应波束上各个不同距离高度上回波信号的功率谱。该功率谱再经过计算机矩处理,得到相应的 0、1、2 阶矩。在完成序列表后,得到了 3 个不同波束、不同距离高度的矩数据。该数据再经风廓线合成处理后,即成为不同高度的 u、v、w 三维风场数据。

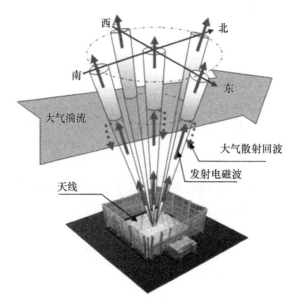

图 9.1 风廓线雷达原理图

9.1.2 风廓线雷达应用新进展

王晓蕾等(2010)通过风廓线雷达探测降水云体中雨滴谱的试验研究表明:对风廓线雷达探测降水时出现的双峰型功率谱密度分布的回波,进行大气返回信号和降水返回信号的剥离,由大气返回信号求出环境大气的垂直运动,导出降水质点下降末速度的功率谱密度分布,进而求出云体中的雨滴谱分布。对两次降水进行了雨滴谱反演试验,提取了不同高度上30多份雨滴谱分布,雨滴谱分布基本上呈现出指数分布形式。试验中,还由反演的雨滴谱估算出云中含水量,得出降水云体中含水量随高度的分布,与附近多普勒天气雷达观测进行比较。风廓线雷达与多普勒天气雷达探测到的回波强度随高度分布基本一致,云中含水量估算的均值基本相同,而风廓线雷达由雨滴谱估算出的含水量随高度分布可以反映雨滴谱变化的影响,随高度分布更为精细。

朱庚华等(2011)研究表明:利用合肥2009年9天3个时段的风廓线雷达数据和探空数据,通过计算雷达测得的大气湍流耗散率和探空得到的温度廓线,分析计算得到3个时段的湿度廓线,能够得到比较可信的结果,显示利用风廓线反演湿度廓线是可行的。

风廓线雷达是一种先进的地基探空设备,是对传统测风手段的革命。其可以获得较高时间分辨率和空间分辨率的三维风场数据,资料的可靠性高。通过对某型风廓线雷达探测资料

图 9.2 秦岭大气科学实验基地风廓线雷达

的分析,可以看出风廓线雷达在大气空气质量、中小尺度天气预报、风切变、湍流、尾涡流研究

等方面发挥了很好的作用,特别是在对飞行有严重影响的低空风切变、下击暴流的研究方面,目前还没有其他可替代的探测产品。尽管单部风廓线雷达只能提供局地的风垂直廓线,但是,风廓线雷达测风资料在时间和垂直方向上具有很高的分辨率,通过对风廓线的连续分析,可为短时天气预报及时提供多种信息,图 9.2 为布设在秦岭大气科学实验基地的风廓线雷达。

9.2　激光雨滴谱仪

随着极端降雨事件的发生,对于降雨强度的监测变得越来越重要。激光雨滴谱仪是监测降雨量、降雨强度等方面的专业仪器,主要应用于交通控制、气象监测、科学研究、机场观测系统、水文地理学等应用领域。激光雨滴谱仪可以监测区分下落中的毛毛雨、大雨、冰雹、雪花、雪球以及各种介于雪花和冰雹之间的降水,应用于人工增雨作业中,可以更好地选择增雨作业催化剂。

9.2.1　激光雨滴谱仪工作原理

激光雨滴谱仪采用激光发射源(激光二极管和光学器件)产生一组平行光束(红外线),位于接收端的透镜光二极管测量光强并把它转换成电信号。当雨滴穿过激光束时产生接收信号,通过减小的幅度计算出雨滴直径,通过减小信号的持续时间测得雨滴的下降速度,可以精确测定的降水粒子最小直径为 0.2 mm(图 9.3)。

9.2.2　激光雨滴谱仪应用研究进展

激光雨滴谱仪可以提供雨滴的大小以及降雨强度等数据。这对所有即时监测的应用具有重大意义,因为其光学原理的测量保证了输出的数据没有任何时间上的延迟,并且因为其非接触式的测量避免了许多接触式测量(如雨量计)的不足,如蒸发作用或雨量计管壁的持水作用。激光雨滴谱仪测量降雨强度的时间响应非常理想,这在需

图 9.3　激光雨滴谱仪

要即时数据时显得非常实用。激光雨滴谱仪具有非常高的雨强分辨率(0.001 mm/h),即使在非常小的降雨强度下也能记录降雨过程,而传统的集水式雨量筒不能实现。因此激光雨滴谱仪能补充在小降雨强度下传统雨量筒的不足。

周黎明等(2010)通过激光雨滴谱仪与自动气象站观测雨量对比分析得出,两种仪器探测到的雨强随时间变化趋势较为一致,但变化幅度差异大,激光雨滴谱仪探测到的雨强最大值远大于自动气象站测得的最大值且出现时间要提前一些;两种仪器观测到的雨量资料与

观测点处雷达反射率因子的对比表明,激光雨滴谱仪探测到的雨量与雷达反射率因子有更强的相关。

9.3 微波辐射计

大气中的水在各种时空尺度的大气过程中扮演着重要角色。云中液态水含量在多种学科和业务中一直是极其重要的量。在人工影响天气领域,云中水含量及过冷水条件是决定可播性的先决条件。然而,目前由于探测手段不多,且已有的手段又各有其局限性,因而造成云液水和过冷水含量定量资料十分缺乏。

由于大气辐射具有很宽的频谱,利用大气的微波辐射信息来探测大气参数,具有全天候探测的优势,因此大气微波辐射被动遥感技术在近二三十年已经成为大气特性探测的主要技术。

9.3.1 微波辐射计探测原理

多通道微波辐射计是一种基于毫米波无源探测原理的新型大气遥感仪器,系统集成了高灵敏毫米波段宽带接收、测量及新型算法数据综合处理设备,无须对外发射电磁波即可实现多通道连续探测大气水汽和氧气的自然微波辐射,实时自动解算对流层(含边界层)大气温度、湿度、云水分布以及水汽、液态水含量等多种大气参数,具备中小尺度大气层结的精细观测能力,同时还能监测工作现场的气温、湿度、气压、降水等气象要素以及设备工作状态信息,并采用图形化综合处理终端实时记录、显示和回放,对于大气变化动态的实时连续监测、直观评价和理论研究都很有价值。仪器整机的系统信息流程如图 9.4 所示。

图 9.4　微波辐射计工作原理

9.3.2 微波辐射计技术性能

大气对微波具有选择吸收和透明(即所谓大气窗)的特征。频率位于 22.235 GHz(其波长为 1.35 cm),对大气分子具有强烈的吸收,而 60 GHz 处对氧气分子有很强的吸收。由于水汽具有在高空是很窄的吸收性,而在低空随压力变宽的性质,可以用 22～30 GHz 频段来反演大气水汽廓线,使用 51～59 GHz 频段来反演温度廓线,因为任何高度的辐射与温度和氧气密度均成正比,而且大气光谱具有不同的不透明性,有限分辨率的云液态水廓线可以从观测云液态水对大气光谱特性的贡献来推算。即微波辐射计探测到的路径上的微波衰减光学厚度,是路径上气态(氧气、水汽)、液态(云滴、雨滴)物质的微波衰减光学厚度的总和。在非降水云天时,微波衰减光学厚度是由氧气、水汽和云液态水三部分贡献组成。并且水汽和云液水的路径衰减光学厚度分别与探测路径上水汽总量和路径积分云液态水含量有很强的线性关系。用历史气象资料进行物理迭代,可以得到线性关系的参数。

表 9.1 为西安电子工程研究所研制并生产的 MWP967KV 型地基多通道微波辐射计参数,图 9.5 为微波辐射计外观。

表 9.1 MWP967KV 型地基多通道微波辐射计参数

性能参数	说明
可用通道	水汽通道 21,温度通道 14,红外通道 1
通道频率	水汽通道位于 K 波段 22~30 GHz,温度通道位于 V 波段 51~59 GHz
亮温测量范围	0~800 K
探测空域	地表—顶空 10000 m
基本数据产品	大气辐射亮温,温度廓线,水汽密度廓线,相对湿度廓线,液态水廓线,积分水汽,积分云水
扩展数据产品	云底温度,云底高度,大气稳定指数,对流指数等
空间垂直分层	≥58 层
辅助信息显示	现场环境气温、气压、相对湿度、降雨标志及系统状态
数据实时性	实时输出,数据延迟 0.5~5 min
终端人机界面	全中文界面,实时廓线图、时间剖面图、历史数据图显示
标定方式	日常自动标定,定期液氮标定
标定数据处理	程序自动计算,自动更新
远程数据上传	支持 ftp 协议自动实时上传
设备功耗	≤300 W(常温稳态)
允许工作环境	温度:−35~45 ℃(室外机),湿度:10%~100%(室外机)
允许贮存环境	温度:−40~55 ℃,湿度:0~100%

图 9.5 MWP967KV 型地基多通道微波辐射计外观

9.3.3 微波辐射计最新研究进展

微波辐射计为大气微波辐射被动遥感探测的主要设备,相对于雷达、激光雷达和无线电探空仪等大气测量手段来说,微波辐射计不但费用低,而且能够提供全天候的实时测量,因此得到了广泛应用。按辐射计的工作平台可分为空基(星载或机载)和地基微波辐射计两种。空基微波辐射计遥感测量系统已经被应用于气象学、海洋学、水文学、资源普查、环境监测以及战场环境评估和典型目标识别等领域。而地基微波辐射计测量系统不仅是空基遥感探测系统的基础,为空基遥感测量系统提供经验和数据;同时还可以弥补空基遥感费用高,低空遥感精度低等不足,本身也具有自己的特色。利用地基微波辐射计不仅可以反演温度剖面,水汽密度剖面,折射率剖面,反演积分水汽含量、云中液态水含量、降雨强度等,还可以进行电波折射误差的实时高精度修正,研究大气折射率的时变特性和水平不均匀性等。因此,利用地基微波辐射计测量反演大气环境参数和传输特性参数不仅对电波传播、雷达测控、导航定位以及卫星通信等具有重要意义,而且在天气预报,人工影响天气等领域也有重要应用(图 9.6)。

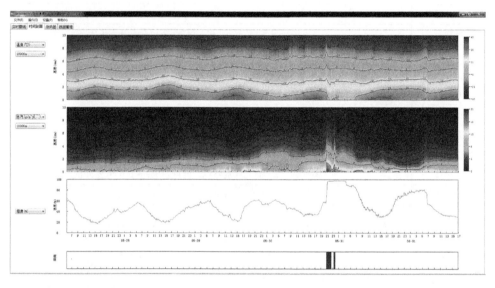

图 9.6 MWP967KV 型地基多通道微波辐射计时空剖面

9.4 探空火箭

陕西省人工影响天气办公室和陕西中天火箭技术有限责任公司联合开发的"TK-2 GPS气象探测火箭系统",经过研制、试验,已经在气象业务中成功试用。该探测火箭发射系统安全,运行稳定可靠,GPS 定位准确,系统传输资料及时,获得的气象探空数据,能够满足气象探空加密观测和人工影响天气野外探测需求。

9.4.1 探测火箭系统组成及工作原理

气象探测火箭系统包括气象探测火箭、地面发射架、地面接收设备以及安装了数据接收处理程序的笔记本电脑等组成。

探测火箭发射升空到预定高度后,弹射装置将携带降落伞的仪器舱弹射到大气中,降落伞打开后带着火箭探空仪徐徐随风飘落到地面。在降落过程中,仪器舱中的 GPS 模块通过接收太空的 GPS 卫星信号,经过解算,随时得到火箭探空仪的位置高度信息,传感器探测的气压、温度、湿度等大气基本物理参数信息经过微型处理器初步处理、调制,变成载有相关信息的无线电波,经发射机发送到地面。表 9.2 为气象探测火箭主要技术参数。

表 9.2　气象探测火箭主要技术参数

参数名称	单位	参数
弹径	mm	81
弹长	m	1.56
全弹质量	kg	8.6
发射最大高度	km	≥8(射角75°)
仪器舱降落速度	m/s	≤7
残骸降落速度	m/s	≤10
数据采集频率	Hz	1
气压测量范围	hPa	10~1100(±0.5)
气温测量范围	℃	−50~+60(±0.2)
湿度测量范围	%	0~100(±2)
风速测量范围	m/s	0~25(±0.3)
风向测量范围	°	0~360(±3)
电池		可充锂电
工作时间	h	>1

接收机收到发射机传来的无线电信号,通过解调得到各种信息,送计算机进行处理,供分析使用(图 9.7)。

图 9.7　TK-2 探测火箭工作原理示意图

9.4.2　火箭探空仪探测个例

2011年10月22日,陕西省人工影响天气办公室组织了人工消减雨作业,为了准确掌握实时气象信息,在户县(今鄠邑区)蒋村镇、延安实施了火箭探空试验,图9.8是探空得到的气象数据。

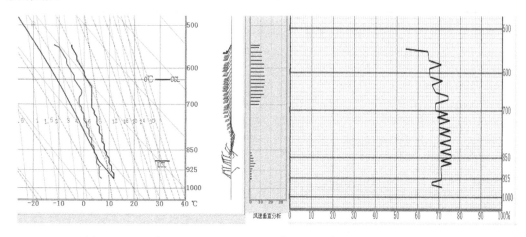

图9.8　2011年10月22日05时户县蒋村镇火箭探空温度、露点、风向、
风速层结曲线和火箭探空湿度层结曲线

温度:550 hPa处温度为−5 ℃,在近700 hPa处有弱逆温存在,0 ℃层高度3940 m,对数压力图显示有不稳定能量存在。

风向、风速:探测显示2704～5108 m为南南西风(211°—180°),风速7～14 m/s,平均风速12 m/s;1478～2700 m为东南风,最大风速平均约9 m/s;1430 m至地面为西北风,平均风速不超过3 m/s,低层有弱切变。

湿度:低层相对湿度为70%～75%,地面到4517 m相对湿度平均达70%,显示从低层到高空水汽含量充沛。

综合分析各气象要素及物理量,地面到4517 m水汽含量较高,湿度较大,冷空气较弱,抬升作用不强。

9.5　闪电定位仪

闪电是对流天气过程中产生的大气放电现象,中外对冰雹、龙卷等强对流天气过程中的闪电特征进行了广泛研究,对风暴活动产生闪电的机制和特征进行了许多探讨。闪电定位仪作为一种成本和维护费用较低的大气监测仪器,探测范围广,可以无人值守地不间断工作,容易实现大范围对流云的监测。根据对流云的闪电特征及演变趋势,结合雷达进一步识别和指挥人工影响天气作业,将有效提高人工防雹的作业效率和效益。

9.5.1 闪电定位仪工作机理

闪电定位系统主要由探测站、数据处理及系统控制中心(简称中心站)、用户工作站或雷电信息系统三部分构成。探测站由电磁场天线、雷电波形识别及处理单元、高精度晶振及GPS 时钟单元、通信、电源和保护单元构成。它将测定到的闪电时间、方向、相对信号强度等特征量实时发送到中心站。中心站接收和处理多路接收到的信号,分析、计算后得到闪电的位置、时间、雷电流峰值和极性、回击次数等信息发送给用户工作站、数据库和服务器。

图 9.9 为陕西省气象局计划将在全省 21 个台站安装的三维闪电定位仪探测站。

图 9.9 闪电定位仪探测站

9.5.2 闪电定位仪的应用

Macgorman 等(1994)通过对 15 个报道的大冰雹和龙卷过程地闪分析认为,在 4 个风暴生命期中,正地闪占大多数,另外 11 个风暴在成熟阶段,占多数的地闪极性从正转为负。大冰雹出现在正地闪频繁的时段,一旦转为负地闪,降雹的大小和频率都减小。蔡晓云等(2001)研究也认为,闪电比雷达资料在降雹、雷雨过程中至少有 1～3 h 的提前量。黄彦彬等(2001)研究了闪电频数识别高原雷雨云和冰雹云的判据。冯桂力等(2001)分析了一次冰雹云形成发展演变过程的闪电特征。这些研究从不同的方面分析表明,闪电对强对流天气的发生有指示作用,但在冰雹天气中,闪电的这些特征具有明确的表征性,没有给出用闪电特征识别和判断冰雹云的具体指标。李照荣等(2005)通过对西北地区 11 次冰雹过程闪电定位仪和多普勒雷达观测资料的分析结果表明,闪电 5 min 频次分布呈现规律变化,在降雹前 4～97 min 出现频次大于 20 次的峰值,冰雹过程正地闪占总地闪比值在 24.7%～40%;闪电密度最大中心区出现在降雹位置之前,闪电逐时空间分布标识出冰雹云的发展移动路径;闪电分布在雷达回波区,并不与雷达最强回波区对应,闪电频次、正地闪所占的比值和闪电时间序列分布,可能起到预警冰雹的作用。

参考文献

蔡晓云,宛霞,郭虎,2001. 北京地区闪电定位资料的应用分析[J]. 气象科技,29(4):33-35,38.

陈保国,樊鹏,雷崇典,等,2005.2002 年秋季陕北地区一次锋面云系综合探测分析[J]. 气象,31(1):45-49.

陈光学,段英,吴兑,等,2008. 火箭人工影响天气技术[M]. 北京:气象出版社.

邓北胜,2011. 人工影响天气技术与管理[M]. 北京:气象出版社.

杜继稳,2007. 陕西省短期天气预报技术手册[M]. 北京:气象出版社.

段英,刘静波,1998. 超级单体、单体、多单体雹云及其成雹特点的数值模拟研究[J]. 气象学报,56(5): 529-539.

樊鹏,1994. 用风暴剖面 45 dBz 高度选择防雹作业时机[J]. 陕西气象(4):29-31.

樊鹏,肖辉,2005. 雷达识别渭北地区冰雹云技术研究[J]. 气象,31(7):16-19.

冯桂力,边道相,刘洪鹏,等,2001. 冰雹云形成发展与闪电演变特征分析[J]. 气象,27(3):33-37,45.

高子毅,张建新,胡寻伦,等,1999. 新疆云物理及人工影响天气文集[M]. 北京:气象出版社.

顾震潮,1980. 云雾降水物理基础[M]. 北京:科学出版社.

郭学良,2001. 三维冰雹分档强对流云数值模式研究 I:模式建立及冰雹的循环增长机制[J]. 大气科学, 25(6):856-863.

郭学良,2011. 大气物理与人工影响天气[M]. 北京:气象出版社.

洪延超,1999. 冰雹形成机制和催化防雹机制研究[J]. 气象学报,57(1):30-44.

胡志晋,2001. 层状云人工增雨机制、条件和方法的探讨[J]. 应用气象学报,12(S1):10-13.

胡志晋,秦瑜,王玉彬,1983. 层状冷云数值模拟[J]. 气象学报,41(2):194-202.

胡志晋,严采蘩,王玉彬,1983. 层状暖云降雨及其催化的数值模拟[J]. 气象学报,41(1):79-88.

黄美元,王昂生,1980. 人工防雹导论[M]. 北京:科学出版社.

黄美元,徐华英,等,1999. 云和降水物理[M]. 北京:科学出版社.

黄彦彬,王振会,2001. 利用 sd 型闪电频数识别高原雷雨云和冰雹云[J]. 南京气象学院学报,24(2): 275-280.

娇梅燕,2010. 现代天气业务[M]. 北京:气象出版社.

孔凡铀,黄美元,徐华英,1990. 对流云中冰相过程的三维数值模拟 I:模式建立及冷云参数化对流云中冰相过程的三维数值模拟[J]. 大气科学,14(4):441-453.

李金辉,2009. 陇县防雹作业前后雷达回波变化分析[J]. 陕西气象(6):9-12.

李金辉,樊鹏,2007. 冰雹云提前识别及预警的研究[J]. 南京气象学院学报,30(1):114-119.

李金辉,罗俊颉,2006. 稳定性层状云降雨量的估算研究[J]:气象,32(4):34-39.

李金辉,罗俊颉,梁谷,2010. 陕西关中地区层状云降水及雷达特征分析[J]. 高原气象,29(6):1571-1578.

李金辉,牛卫,张科翔,等,1998. 一次提前防雹试验及效果分析[J]. 陕西气象(3):9-12.

李金辉,岳治国,李家阳,等,2011.两块冰雹云催化防雹效果分析[J].高原气象,30(1):252-257.

李照荣,付双喜,李宝梓,等,2005. 冰雹云中闪电特征观测研究[J]. 热带气象学报,21(6):588-596.

梁谷,周爱丽,李燕,等,2008. 利用温度层结做冰雹单站预报[J]. 陕西气象(5):21-23.

彭艳,王钊,董妍,等,2016.1960—2012 年陕西降水变化特征及可能成因分析[J]. 高原气象,35(4): 1050-1059.

盛裴轩,毛节泰,李建国,等,2003. 大气物理学[M]. 北京:北京大学出版社.

王昂生,施文全,杨传明,1983. 点源冰雹云研究[J]. 大气科学,7(3):317-327.

王晓蕾,阮征,葛润生,等,2010. 风廓线雷达探测降水云体中雨滴谱的试验研究[J]. 高原气象,29(2): 498-505.

王雨增,李凤声,伏传林,1994. 人工防雹实用技术[M]. 北京:气象出版社.

肖辉,樊鹏,等,2002. 旬邑地区冰雹云的早期识别及数值模拟[J]. 高原气象,21(2):159-166.

徐玉霞,王华斌,谭转梅,2008. 铜川市耀州区冰雹时空分布特征及防治对策[J]. 陕西农业科学(2): 165-167.

许焕斌,段英,吴志会,2000. 防雹现状回顾和新防雹概念模型[J]. 气象科技,28(4):1-12.

詹维泰,乔旭霞,景东霞,1994. 陕西初夏冰雹天气气候特征及预报[J]. 陕西气象(3):23-26.

章澄昌,1992. 人工影响天气概论[M]. 北京:气象出版社.

张德义,廉朝友,张丽娟,2000. 渭南市冰雹概况分析[J]. 陕西气象(2):16-18.

张丽娟,胡淑兰,白作金,等,2007. 渭南市冰雹时空分布及天气条件分析[J]. 陕西气象(2):24-25.

张素芬,鲍向东,牛淑贞,等,1999. 河南省人工消雹作业判据研究[J]. 气象,25(9):38-40.

中国气象局科技发展司,2003. 人工影响天气岗位培训教材[M]. 北京:气象出版社.

中国气象局科技教育司,2005. 飞机人工增雨(雪)作业业务规范[M]. 北京:气象出版社.

中国气象局科技教育司,2005. 高炮人工防雹增雨作业业务规范[M]. 北京:气象出版社.

周黎明,王俊,张洪生,等,2010. 激光雨滴谱仪与自动气象站观测雨量对比分析[J]. 气象科技,38 (Suppl.):113-117.

朱乾根,林锦瑞,寿绍文,1983. 天气学原理和方法[M]. 北京:气象出版社.

朱庚华,张彩云,翁宁泉,等,2011. 利用风廓线雷达测量反演大气湿度廓线[J]. 大气与环境光学学报, 6(5):337-341.

HALLETT J,MASON,B J,1958. The influence of temperature and supersaturation on the habit of ice crystals grown from the vapour [C]. Proceedings of the Royal Society of London:A,247(1251):440-453.

LANGMUIR I,1961. Cloud nucleation [M]//The collected works of Irving Langmuir:Vol. 11. Oxford:Pergamon Press.

MACGORMAN D R,BURGESS D W,1994. Positive cloud-to-ground lightning in tornadic storms and hailstorms[J]. Monthly Weather Review,122(8):1671-1697.

MARSHALL J S,PALMER W M,1948. The distribution of raindrops with size[J]. Journal of Applied Meteorology(5):165-166.

MASON B J,1978. 云物理学[M]. 中国科学院大气物理研究所,译. 北京:科学出版社.

SMITH P L,MYERS C G,Orville H D,1975. Radar reflectivity factor calculations in numerical cloud models using bulk parameterization of precipitation[J]. Journal of Applied Meteorology,14(14):1156-1165.

附 录

陕西省人工影响天气管理办法

（陕西省人民政府令第 196 号）

第一条 为了加强和规范人工影响天气工作,有效防御和减轻气象灾害,促进经济社会和谐发展,根据《中华人民共和国气象法》《人工影响天气管理条例》等法律、法规,结合本省实际,制定本办法。

第二条 本办法所称人工影响天气,是指为避免或者减轻气象灾害,合理利用气候资源,在适当条件下通过科技手段对局部大气的物理、化学过程进行人工影响,实现增雨雪、防雹、消雨、消雾、防霜等目的的活动。

第三条 县级以上人民政府负责本行政区域内的人工影响天气工作。

县级以上人民政府所属的人工影响天气办公室具体实施本行政区域内的人工影响天气工作。

县级以上气象主管机构在本级人民政府领导下,负责本行政区域内人工影响天气工作的监督和管理。

第四条 开展人工影响天气工作,应当编制人工影响天气发展规划和年度计划。

第五条 按照县级以上人民政府批准的人工影响天气工作计划开展的人工影响天气工作属于公益性事业。开展人工影响天气工作所需的基本建设经费、事业经费、作业经费和科学研究以及试验经费列入本级人民政府的财政预算。

第六条 县级以上人民政府鼓励开展人工影响天气科学技术研究,支持人工影响天气先进技术的推广和应用。

对在人工影响天气工作中做出显著成绩的单位以及个人,给予表彰奖励。

第七条 实施人工影响天气作业的单位应当具备下列条件:

(一)具有法人资格;

(二)指挥人员和作业人员经气象主管机构培训、考核合格,并符合规定的人数。

第八条 开展人工影响天气作业,应当符合下列规定:

(一)作业设备、设施符合国家或行业技术标准(规范);

(二)作业站点、装备库房、弹药临时存储符合有关安全管理规定;

(三)有完善的作业空域申报制度、作业安全管理制度和作业设备的维护、运输、储存、保管等制度;

(四)法律、法规、规章规定的其他条件。

第九条　申请从事人工影响天气作业的单位,应当向所在地设区的市气象主管机构提交申请材料,经设区的市气象主管机构初审后,报省气象主管机构审查同意。

第十条　从事人工影响天气指挥、作业的人员,经气象主管机构培训、考核合格后,方可实施人工影响天气作业。从事人工影响天气作业的人员名单,由所在地气象主管机构抄送当地公安机关和上级气象主管机构备案。

从事人工影响天气作业的单位,应当与作业人员签订劳动合同,建立与人工影响天气工作相适应的稳定作业队伍。

第十一条　人工影响天气作业指挥人员和作业人员,应当具备下列条件:

(一)具有良好的思想道德素质,遵纪守法,爱岗敬业;

(二)年龄在十八周岁以上、六十周岁以下,身心健康;

(三)具有履行岗位职责的知识水平与专业技能;

(四)符合省气象主管机构规定的其他条件。

第十二条　县气象主管机构根据区域气候、地理、交通、通信、人口密度等情况,提出人工影响天气作业站点的布设申请,经设区的市气象主管机构初审后,由省气象主管机构商飞行管制部门确定。

人工影响天气作业站点所需场地由当地人民政府解决。

任何单位或者个人不得擅自设立、迁移作业站点。作业点确需迁移的,由县气象主管机构提出申请,逐级报省气象主管机构确定。

第十三条　人工影响天气作业站点建设应当符合相关技术标准,满足作业安全和作业效果的需要。

第十四条　有下列情形之一的,县级以上人民政府适时组织人工影响天气作业:

(一)已出现干旱,预计旱情将会加重的;

(二)可能出现严重冰雹天气的;

(三)发生森林、草原火灾或者长期处于高森林、草原火险时段的;

(四)因水资源严重短缺导致生态环境恶化的;

(五)其他需要实施人工影响天气作业的情形。

第十五条　人工影响天气作业单位和个人在实施人工影响天气作业前,应当向有关飞行管制部门申请空域和作业时限,并详细记录空域申请时间和批复结果等内容。

人工影响天气作业单位和个人应当在批准的空域和时限内作业,经批准的作业地点、时间,不得擅自变更。在作业过程中收到停止作业的指令时,应当立即停止作业。

第十六条　相邻设区的市、县需要联合实施人工影响天气作业的,由其共同的上一级气象主管机构协调。

利用飞机实施人工影响天气作业的,由省气象主管机构协调。

第十七条　实施人工影响天气作业在批准的空域和时限内,按照国家或行业技术标准(规范)进行操作。

第十八条　县级以上人民政府组织专家对人工影响天气作业的效果进行评估,评估结果作为评价人工影响天气工作的重要依据。

第十九条　设区的市、县气象主管机构根据人工影响天气作业的需要,编制高射炮、火箭发射装置、烟炉等作业设备采购计划,报省气象主管机构批准后组织采购。购置后的作业设备清单向省气象主管机构备案。

炮弹、火箭弹、烟条等作业弹药由省气象主管机构根据设区的市、县的需求,统一购置、统一调拨。

设区的市、县气象主管机构之间不得擅自转让、转借作业设备和弹药。因作业确需调剂的,报省气象主管机构批准。

第二十条 运输、存储人工影响天气作业使用的高射炮、火箭发射装置、炮弹、火箭弹,应当遵守国家有关武器装备、爆炸物品管理的法律法规。

作业期间,人工影响天气作业所需弹药存放在作业站点弹药库房配置的专用弹药存储柜内。

非作业期间,实施人工影响天气作业使用的炮弹、火箭弹存储在专用弹药库房内,并按照国家规定设置技术防范设施,或由本级人民政府协调当地驻军、本级人民武装部或公安机关协助存储。需要调运的,由有关部门依照国家有关武器装备、爆炸物品管理的法律法规办理手续。

第二十一条 从事人工影响天气作业的单位应当建立、健全作业弹药管理制度,严格作业弹药出入库检查、登记,准确掌握作业弹药的批号、使用期限、收存和发放数量等情况,做到账目清楚,账物相符。

发生弹药丢失、被盗、被抢等情况的,立即报告当地公安机关。

第二十二条 人工影响天气作业中,禁止使用不合格或者报废的人工影响天气作业设备;禁止使用超过有效期或者报废的作业弹药。

人工影响天气作业使用的炮弹、火箭弹过期失效或者报废的,应当及时清理出库,并予以销毁。销毁前应当登记造册,提出销毁实施方案,报省人民政府民用爆炸物品行业主管部门、所在地县级人民政府公安机关组织监督销毁。

第二十三条 人工影响天气作业场地、设施、装备依法受到保护。禁止下列行为:

(一)侵占人工影响天气作业场地;

(二)损毁、移动人工影响天气设备;

(三)在人工影响天气作业站点附近设置垃圾场、排污口、无线电台(站)等干扰源,可能危害作业站点环境的行为;

(四)其他对人工影响天气作业有不利影响的行为。

人工影响天气作业站点显著位置应当设置保护或禁止标志,标明保护要求。

第二十四条 县级以上人民政府应当将人工影响天气作业安全工作纳入本级安全保障体系,落实安全监督管理责任,组织有关单位制定事故应急处置和救助预案,并组织演练。

在实施人工影响天气作业过程中发生意外人身伤害、财产损失时,当地人民政府应当及时启动应急预案,组织有关部门进行事故调查、处置。

第二十五条 高射炮、火箭发射装置等作业设备实行年检制度。

年检由省气象主管机构统一组织,设区的市气象主管机构负责具体实施。年检不合格的,立即进行检修,经检修仍达不到规定的技术标准和要求的,予以报废。

第二十六条　从事人工影响天气作业的单位应当建立、健全人工影响天气档案管理制度。

人工影响天气档案包括作业指挥、天气状况、作业设备、效果评估等内容。

第二十七条　违反本办法第二十三条规定，由县级气象主管机构责令停止违法行为，限期恢复原状或者采取其他补救措施；造成损害的，依法承担赔偿责任；构成违反治安管理行为的，由公安机关依法给予治安管理处罚；构成犯罪的，依法追究刑事责任。

第二十八条　违反本办法规定，组织实施人工影响天气作业，造成特大、重大安全事故，以及对事故隐瞒不报、谎报、拖延不报或者不及时处置的，对有关主管机构的负责人、直接负责的主管人员和其他直接责任人员，依照相关法律、法规和规定追究行政责任，构成犯罪的，依法追究刑事责任。

第二十九条　本办法自 2017 年 4 月 1 日起施行。2009 年 9 月 8 日省政府发布的《陕西省人工影响天气管理办法》同时废止。

冰雹等级

(GB/T 27957—2011)

1 范围

本标准规定了冰雹的等级。

本标准适用于冰雹的监测、预报和预警。

2 术语和定义

下列术语和定义适用于本文件。

2.1 冰雹 hail

坚硬的球状、锥形或不规则的固体降水物。

2.2 冰雹直径 diameter of hail

根据地面气象观测规范测得的冰雹的最大直径,以毫米(mm)为单位,取整数。

2.3 冰雹等级 grade of hail

按照冰雹的直径进行划分后的分级。

3 冰雹等级

3.1 划分原则

按照冰雹的直径进行划分。

3.2 冰雹等级

用 D 表示冰雹直径,冰雹等级见表 1。

表 1 冰雹等级

等级	冰雹直径(mm)
小冰雹	$D<5$
中冰雹	$5{\leqslant}D<20$
大冰雹	$20{\leqslant}D<50$
特大冰雹	$D{\geqslant}50$

降水量等级

(GB/T 28592—2012)

1　范围

本标准规定了降水量等级划分的原则和等级。

本标准适用于降水监测、预报、预警、服务等业务和科研工作,以及其他行业与降水相关的领域。

2　术语与定义

下列术语和定义适用于本文件。

2.1　降水量 precipitation

某一时段内,从天空降落到地面上的液态(降雨)或固态(降雪)(经融化后)降水,未经蒸发、渗透、流失而在水平面上积聚的深度。

3　降水量等级划分的原则

降水量按 24 h,12 h 两个时间段进行划分。

4　降雨量等级划分

降雨分为微量降雨(零星小雨)、小雨、中雨、大雨、暴雨、大暴雨、特大暴雨共 7 个等级。具体划分见表 1。

表 1　不同时段的降雨量等级划分表

等级	时段降雨量	
	12 h 降雨量(mm)	24 h 降雨量(mm)
微量降雨(零星小雨)	<0.1	<0.1
小雨	0.1～4.9	0.1～9.9
中雨	5.0～14.9	10.0～24.9
大雨	15.0～29.9	25.0～49.9
暴雨	30.0～69.9	50.0～99.9
大暴雨	70.0～139.9	100.0～249.9
特大暴雨	≥140.0	≥250.0

5　降雪量等级划分

降雪分为微量降雪(零星小雪)、小雪、中雪、暴雪、大暴雪、特大暴雪共 7 个等级。具体划分见表 2。

表 2　不同时段的降雪量等级划分表

等级	时段降雪量	
	12 h 降雪量（mm）	24 h 降雪量（mm）
微量降雪（零星小雪）	$<$0.1	$<$0.1
小雪	0.1~0.9	0.1~2.4
中雪	1.0~2.9	2.5~4.9
大雪	3.0~5.9	5.0~9.9
暴雪	6.0~9.9	10.0~19.9
大暴雪	10.0~14.9	20.0~29.9
特大暴雪	$\geqslant$15.0	$\geqslant$30.0

人工防雹作业预警等级

（GB/T 34304—2017）

1 范围

本标准规定了人工防雹作业的预警等级。

本标准适用于人工防雹作业工作。

2 术语和定义

下列术语和定义适用于本文件。

2.1 作业预警区域 operation warning area

根据天气条件判定的可能实施防雹作业的地理范围。

2.2 防雹作业预警 warning of hail suppression operation

根据作业预警区域内的天气条件，发出可能实施防雹作业的信号。

3 预警等级

3.1 分级原则

应依据作业预警区域内的天气变化趋势进行分级。

3.2 等级划分

防雹作业预警按照从低到高分三个等级，依次为三级预警、二级预警和一级预警。

3.3 分级条件

3.3.1 三级预警

作业预警区域预计未来 12 h 内可能出现强对流天气。

3.3.2 二级预警

作业预警区域满足下列条件之一：

——预计未来 6 h 内可能出现冰雹天气；

——防雹作业点周边 60 km 范围内出现对流云，并同时满足下列条件：

• 雷达回波强度不低于 20 dBz；

• 雷达回波的强中心高度不低于 0 ℃层高度。

3.3.3 一级预警

作业预警区域满足下列条件之一：

——预计未来 2 h 内可能出现冰雹天气；

——防雹作业点周边 40 km 范围内雷达回波满足当地的防雹作业云回波指标。

3.3.4 防雹作业云回波指标示例

参见附录 A。

GB/T 34304—2017　附录 A
（资料性附录）
防雹作业云回波指标示例

依据作业预警区域的地理气候特征,以实施防雹减灾为目的,制定的本地区防雹作业云回波特征指标。

示例

渭北地区实施防雹作业云回波满足下列条件之一:

a)最大回波强度小于 35 dBz 的对流云中心高度大于 0 ℃层高度;

b)垂直扫描回波最大强度不小于 35 dBz,并满足下列条件之一:

1)强中心高度不低于 0 ℃层高度;

2)45 dBz 回波高度不低于 0 ℃层高度以上 1000 m;

c)在云的移动方向上,云团平面扫描回波呈现不小于 3 个的链状排列;

d)垂直剖面回波顶高不低于 0 ℃层高度以上 2500 m。

地面降雹特征调查规范

（GB/T 34296—2017）

1　范围

本标准规定了地面降雹特征调查的内容、方法以及对人员、装备、调查启动、信息记录等的要求。

本标准适用于地面降雹特征的调查工作。

2　规范性引用文件

下列文件对于本文件的应用是必不可少的。凡是注日期的引用文件，仅注日期的版本适用于本文件。凡是不注日期的引用文件，其最新版本（包括所有的修改单）适用于本文件。

GB/T 27957　冰雹等级

QX/T 48　地面气象观测规范　第 4 部分：天气现象观测

3　术语和定义

GB/T 27957 界定的以及下列术语和定义适用于本文件。

3.1　降雹数密度 number density of hail

在地势平坦的地面观测得到的单位面积上的冰雹个数。

4　调查内容、方法与要求

4.1　降雹地点

地面出现降雹的地理位置，调查降雹地点应不小于 1 个，并位于降雹区域内，采用下列方式标注：

a）地理经纬度，应采用下列方式之一确定：

1）北斗卫星导航定位仪，精确到 0.01 秒（″）；

2）GPS 卫星导航定位仪，精确到 0.01 秒（″）；

b）行政辖区，应采用省（自治区、直辖市）＋市（盟）＋县（区、旗）＋乡（镇、街道）＋村（居委会、企事业单位）；

c）在标注的地理经纬度点上，用数码照相机面向正东、正南、正西、正北拍摄影像资料留存。

4.2　降雹起止时间

时间的记录方法采用下列方式：

a）降雹起止时间为北京时，记录到分，格式为 时：分（时分各占 2 位）；

b）降雹区域内有降雹起止时间观测仪器，应使用观测仪器记录的时间，并标注仪器名称及型号；

c)降雹区域内无降雹起止时间观测仪器,宜通过调查降雹亲历人员记忆时间记录,并按下列方式之一标注：

1)被调查者看了时钟,标注为记忆时间,同时记录所用时钟与调查人员携带时钟的时间差,用其订正降雹的起止时间；

2)被调查者没看时钟,标注为估计时间。

4.3 降雹持续时间

降雹开始与结束之间的持续时间,单位为分(min),取整数。

4.4 降雹数密度

降雹数密度采用下列方法测算：

a)降雹地点有降雹数密度观测仪器,应使用观测仪器的测算值,单位为个每平方米(个/m²)；

b)降雹地点无降雹数密度观测仪器,应按照附录 A 的方法和要求测算降雹数密度,单位为个每平方米(个/m²)。

4.5 冰雹平均直径

应采用下列方法之一测算：

a)降雹区域有冰雹平均直径观测仪器,使用观测仪器的测算值,以毫米(mm)为单位,取整数；

b)降雹区域无冰雹平均直径观测仪器,采用 4.4b)中参加降雹数密度测算的冰雹个数,按照 QX/T 48 的要求测量其直径,按式(1)计算冰雹平均直径。

$$\overline{D} = \frac{\sum\limits_{i=1}^{m} D_i}{m} \tag{1}$$

式中：

$\overline{D}$——冰雹平均直径,单位为毫米(mm),取整数；

i——单个冰雹的序号；

D_i——测算面上第 i 个冰雹的直径,单位为毫米(mm),取整数；

m——参加统计的冰雹个数。

4.6 最大冰雹直径

应采用下列方法之一测算：

a)降雹区域有冰雹直径观测仪器,使用观测仪器记录的最大冰雹直径,以毫米(mm)为单位,取整数；

b)降雹区域无冰雹直径观测仪器,在调查点周边,目测选取最大冰雹,按照 QX/T 48 的要求测量其直径,以毫米(mm)为单位,取整数。

4.7 降雹面积

降雹面积应采用下列方式确定：

a)依据地面降雹痕迹、地面冰雹确定降雹区域边界；

b)采用连片降雹区域边界的经纬度计算几何面积,单位为平方公里(km²)。

4.8 冰雹形状

冰雹的外形应分下列三类：

a）球形，包括圆球形、椭球形、近似椭球形；

b）锥形，冰雹上出现不大于 60°角的个数不小于 1 个；

c）不规则形，冰雹外形不能归入球形和锥形的形状。

4.9 降雹痕迹

冰雹遗留在地表、植物、设施或测量物品上的痕迹。按照玻璃、植物、汽车和其他四类调查，采用下列方式描述：

a）玻璃材质，应目测判断是否破碎、裂纹，并测量破碎、裂纹玻璃的厚度，以毫米（mm）为单位，取整数。

b）植物，应按下列项目调查印痕：

1）测量树干、植株立干表面印痕垂直向最大长度与宽度，以毫米（mm）为单位，取整数；

2）估测树干、植株立干表面印痕总面积占树干、植株立干总表面的比例，取百分比（％）；

3）测量树叶、植株叶面降雹砸出的破损印痕最大长度，以毫米（mm）为单位，取整数；

4）观测单个树叶、植株叶面降雹砸出的破损印痕最多数量，单位为个；

5）观测果面降雹砸痕最多数量，单位为个。

c）汽车，应按下列项目调查：

1）测量因冰雹撞击出现的最大裂缝长度或最大凹陷部位的长度，以毫米（mm）为单位，取整数，并记录受损部位与材质；

2）观测冰雹撞击印痕的数量，单位为个。

d）其他，应测量表面印痕最大长度与宽度，以毫米（mm）为单位，取整数。

4.10 图像资料

4.10.1 降雹数密度测算现场照片应满足下列要求：

a）照片不少于 1 张；

b）照片中有完整的冰雹观测仪器或完整的测算面（见图 A.1）；

c）冰雹观测仪器或测算面占照片全画幅的面积比不小于 80％；

d）拍摄镜头位于测算面正上方。

4.10.2 最大冰雹照片应满足下列要求：

a）最大冰雹图像位于照片中心部位；

b）在最大冰雹的下方有公制直尺，并与冰雹直径平行，刻度范围涵盖冰雹尺度；

c）最大冰雹、公制直尺在最大冰雹段图像完整，无覆盖、遮挡；

d）最大冰雹图像占照片全画幅的面积比不少于 20％。

4.10.3 冰雹形状特征照片应满足下列要求：

a）在图片下方有公制直尺，并与照片底边平行；

b）不同形状的冰雹、公制直尺的刻度图像完整，无覆盖、遮挡。

4.10.4 降雹痕迹照片应满足下列要求：

a)照片不少于 2 张；

b)图片上平行于降雹痕迹长度方向有公制直尺；

c)降雹痕迹与公制直尺的刻度图像完整,无覆盖、遮挡。

5 调查人员及装备

5.1 调查人员

5.1.1 由专业技术人员组成地面降雹特征调查小组(以下简称调查组)。

5.1.2 调查组成员中应有通过地面冰雹特征调查技术培训的人员。

5.2 调查装备

调查组应配备以下仪器设备：

a)公制直尺,并满足下列要求：

1)长度不小于 200 mm；

2)最小刻度为毫米(mm)；

3)尺身无色、透明；

4)刻度线能被照相机清晰摄入。

b)北斗卫星导航定位仪(或 GPS 卫星导航定位仪),经纬度的测量精度不低于 0.01 秒(″)。

c)数码照相机。

d)测算面取样框(见附录 A)。

6 调查启动与信息记录

6.1 宜在收到地面降雹信息 30 min 内启动调查。

6.2 调查过程中如冰雹融化,则调查 4.1、4.2、4.3、4.7、4.9、4.10.4 的内容。

6.3 按第 4 章的规定,实时记录调查信息,并填写调查表(参见附录 B 中表 B.1)。

GB/T 34296—2017 附录 A
(规范性附录)
降雹数密度测算方法

A.1 测算点选择

应满足下列要求：

a)地势相对平坦,测算点的表面与水平面的夹角不大于 10°。

b)测算点中冰雹无滚动堆积现象。

c)周边有造成冰雹滚动的坡面时,满足下列要求之一：

1)测算点与坡面间有阻止冰雹在测算点堆积的沟；

2)测算点与坡面底部的距离不小于 10 m。

d)观测者目测范围内,除冰雹滚动堆积区外,测算点冰雹的数密度最大。

e)无法找到符合要求的测算点时,即测算点不符合上述条件,测算的降雹数密度应注明测算点条件。

f)山坡、低凹处等地不宜选为测算点,以防止冰雹落地后因地形的影响顺坡滚动而聚焦或流失。

A.2　测算面

测算总平面为 30 cm×30 cm 的正方形,并将其细分为四个 15 cm×15 cm 的正方形测算面。可参考下列方式操作:制作一个内径为 30 cm×30 cm 的正方形框,在四边的中点打一小孔,穿入细丝线,形成四个 15 cm×15 cm 的正方形框,作为测算面取样框(图 A.1);确定了测算面的位置后,将测算面取样框置于其上,即可按框读取数据。

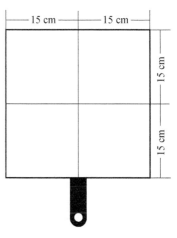

图 A.1　测算面取样框示意图

A.3　降雹数密度测算

A.3.1　冰雹数读取

测算落在四个 15 cm×15 cm 的正方形测算面划定框(板)内的冰雹个数(M_i,$i=1,\cdots,4$);当冰雹的中心点位于测算面划定框(板)内边缘内,统计这个冰雹数;当冰雹的中心点不在测算面划定框(板)内边缘内,不统计这个冰雹数。

A.3.2　降雹数密度计算

数密度值(M)按照下列方法之一计算。

a)依次完整读取测算面上的冰雹个数,当第一个 15 cm×15 cm 测算面上的冰雹个数(M_1)不小于 50 个时,剩余三个 15 cm×15 cm 测算上的冰雹个数可不读取,按式(A.1)计算 M:

$$M=\frac{M_1}{0.0225} \tag{A.1}$$

式中:

M——数密度,单位为个每平方米(个/m²);

M_1——第一个测算面上的冰雹个数。

b)　依次完整读取 15 cm×15 cm 测算面上的冰雹个数,当已读完的 15 cm×15 cm 测算面上冰雹个数之和($\sum M_i$)不小于 100 时,剩余 15 cm×15 cm 测算面上的冰雹个数可不读取,按式(A.2)计算 M:

$$M = \sum_{i=1}^{j} \frac{M_i}{j \times 0.0225} \tag{A.2}$$

式中:

M——数密度,单位为个每平方米(个/m²);

M_i——第 i 个测算面上的冰雹个数;

j——读取冰雹数的测算面个数,j 不大于 4。

c)依次完整读取四个 15 cm×15 cm 测算面上的冰雹个数,按式(A.3)计算 M:

$$M = \sum_{i=1}^{4} \frac{M_i}{0.09} \tag{A.3}$$

式中：

M——数密度，单位为个每平方米（个/m²）；

M_i——第 i 个测算面上的冰雹个数。

GB/T 34296—2017 附录 B
（资料性附录）
地面降雹特征调查样表

B.1 地面降雹特征调查表

表 B.1 给出了地面降雹特征调查表。

表 B.1 地面降雹特征调查表

调查部门				调查人员				选择依据				调查日期	
降雹地点	照片号	东		南		西		北		经度		纬度	
调查时间	降雹起 降雹止	时间	持续降 雹时间	冰雹平 均直径	降雹数 密度	最大冰 雹直径	降雹 面积	冰雹形状			降雹痕迹		
	—							球形	锥形	不规则			
照片号													
冰雹直径	1 mm	2 mm	3 mm	4 mm	5 mm	6 mm	7 mm		8 mm	9 mm	其他(mm)		
个数													
备注：													

B.2 填表要求

表 B1 的填写方法如下：

a)调查部门为组建调查组的成员单位，并对调查结果负责。

b)调查人员为调查组的成员，并满足下列要求：

1)参与本次调查的全过程；

2)由本人签名，并对填表内容负责。

c)选择依据为依据何种降雹信息来源选择的调查区，降雹信息来源包括：气象监测雷达、防雹作业点、降雹监测设备、气象信息员、身处降雹区的其他人员等。

d)调查日期为调查组进入降雹调查区开展本次冰雹特征调查的日期，采用公元纪年法，格式：年. 月. 日。

e)降雹地点精确到乡（镇、街道）＋村（居委会、企事业单位）。

f)在降雹区域内任选一点读取地理经纬度，在此经纬度上向正东、正南、正西、正北拍摄图像照片，照片序号填入东、南、西、北栏内，多的照片序号填入后方栏内，有多幅照片时，用"，"号隔开续写。

g)调查时间为调查组进入降雹区域开展降雹特征调查的时间，采用北京时，格式为时：

分:秒。

h)降雹起止时间可二选一填写;如果采用了二选一填写,应填写持续降雹时间。

i)采用测算面取样框,将不同直径的冰雹个数用划"正"字记数方法记录在个数栏内。

j)记录的测算面小于 4 个时,在备注中注明记录了几个测算面。

k)依据 4.5b)的要求,计算冰雹平均直径。

l)依据附录 A3b 的要求,计算降雹数密度。

m)冰雹形状的记录按照 4.7 的要求,在有的栏上打"√"。

n)依据 4.5、4.6、4.8 的调查要求,记录相应的内容。

o)照片号为本栏目特征测算采集的图像照片编号,并满足下列要求:

1)采用照相机内设的相片编号填表;

2)有多幅照片时,用","号隔开续写;

3)当相片被导出整理后,应在备注中标明整理后的图片存放目录。

p)当信息来自于当地"目击者"时,在备注栏中标明。

q)调查过程中出现与降雹相关的特殊情况,在备注中说明。

r)当地面降雹特征调查表大于 1 张时,填写下列内容:

1)填写调查表的总页数,共_____页;

2)当前调查表的排序,第_____页。

37 mm 高射炮防雹作业方式

（GB/T 34305—2017）

1 范围

本标准规定了 37 mm 高射炮人工防雹的作业方式。

本标准适用于 55 式、65 式 37 mm 高射炮发射弹丸以爆炸播撒方式开展的人工防雹作业。

2 术语和定义

下列术语和定义适用于本文件。

2.1 射击仰角 firing elevation angle

在地理坐标系中，高射炮击发时身管中轴线的仰角。

2.2 射击方位角 firing azimuth angle

在地理坐标系中，高射炮击发时身管中轴线的方位角。

3 作业方式

3.1 分类原则

以弹丸发生爆炸的空间点（以下简称弹炸点）分布形态分类。

3.2 分类及要求

3.2.1 球面梯度作业方式

发射相同引信自炸时间的炮弹，在同一射击仰角下，射击方位角按相同方向进行调整，相邻射击仰角下，按相反方向调整，使弹炸点分布在以高炮为中心点的球面上（图 1）。

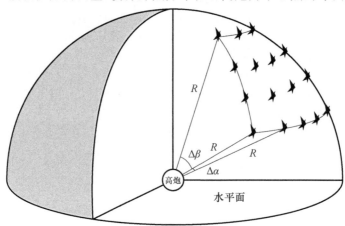

图 1 球面梯度作业方式炮弹炸点分布示意图

（说明：✦——弹炸点；R——有效射击距离（即球面半径）；$\Delta\beta$——高度角的调整范围；$\Delta\alpha$——方向角的调整范围）

3.2.2　水平梯度作业方式

高射击仰角下发射引信自炸时间短的炮弹,低射击仰角下发射引信自炸时间长的炮弹,射击方位角按相同方向进行调整,相邻射击仰角下,按相反方向调整,使弹炸点分布在近似水平的曲面上(图2)。

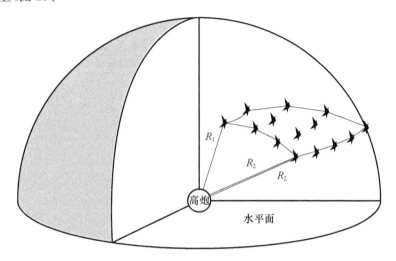

图2　水平梯度作业方式炮弹炸点分布示意图

(说明:➤——弹炸点;R_1——高仰角的有效射击距离;R_2——低仰角的有效射击距离)

3.2.3　垂直梯度作业方式

高射击仰角下发射引信自炸时间长的炮弹,低射击仰角下发射引信自炸时间短的炮弹,射击方位角按相同方向进行调整,使弹炸点分布在近似垂直的曲面上(图3)。

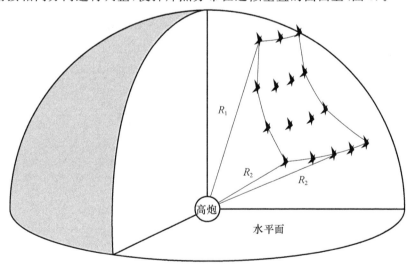

图3　垂直梯度作业方式炮弹炸点分布示意图

(说明:➤——弹炸点;R_1——高仰角的有效射击距离;R_2——低仰角的有效射击距离)

3.2.4 同心圆作业方式

射击方位角按相同方向进行调整,使弹炸点的水平投影分布在以高炮为圆心的同心圆环上(图4)。

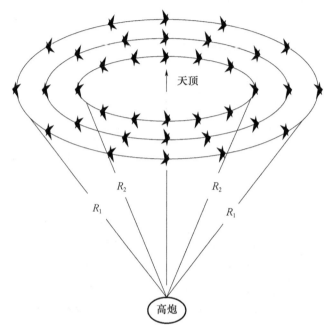

图 4 同心圆作业方式炮弹炸点分布示意图

(说明:✦——弹炸点;R_1——低仰角的有效射击距离;R_2——高仰角的有效射击距离)

3.2.5 单点作业方式

固定射击方位角与射击仰角,间隔发射炮弹,使弹炸点分布在近似一个点的区域内(图5)。

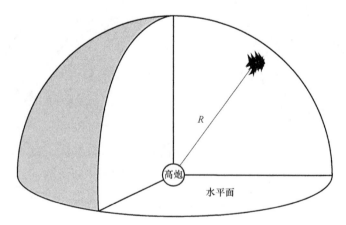

图 5 单点作业方式炮弹炸点分布示意图

(说明:✦——弹炸点;R——有效射击距离)

3.3 作业要求

3.3.1 方向机的转动速度应采用慢速档。

3.3.2 高低机的转动速度应采用慢速档。

3.3.3 射击仰角应小于 $85°$，且不小于 $45°$。

3.3.4 射击仰角的调整值范围应在 $2.0°$ 至 $4.5°$ 之间。

3.3.5 射击方位角的调整值范围应在 $2.0°$ 至 $5.5°$ 之间。

3.3.6 作业时射击仰角应从大到小依次调整，当连续重复射击时，可从小到大依次调整。

3.3.7 同一射击仰角上炮弹的引信自炸延迟时间应相同。

人工影响天气地面作业站建设规范

（QX/T 329—2016）

1 范围

本标准规定了采用高炮/火箭实施人工影响天气地面作业的作业站的选址及建设要求。

本标准适用于采用高炮/火箭实施人工影响天气地面作业的作业站的新建和改建。

2 规范性引用文件

下列文件对于本文件的应用是必不可少的。凡是注日期的引用文件，仅注日期的版本适用于本文件。凡是不注日期的引用文件，其最新版本（包括所有的修改单）适用于本文件。

GB 50016 建筑设计防火规范

QX/T 17—2003 37 mm 高炮防雹增雨安全技术规范

QX/T 151 人工影响天气作业术语

QX/T 226 人工影响天气作业点防雷技术规范

3 术语和定义

QX/T 151 界定的以及下列术语和定义适用于本文件。

3.1 作业站 operating station

用高炮/火箭实施人工影响天气作业，有永久性建（构）筑物、足够作业空间，配备相应观测和指挥设备的场所。

3.2 射击平台 launch platform

使用高炮/火箭实施人工影响天气的作业平台。

4 选址要求

作业站的选址应符合 QX/T 17—2003 中 3.1 和 3.2 的规定。

5 建设要求

5.1 建筑物

5.1.1 总体要求

5.1.1.1 建筑物组成

作业站建筑物应由作业值班室、休息室、炮库（火箭库）、弹药临时存储库和围墙（栏）等部分组成。

5.1.1.2 建筑物结构

建筑物宜采用混凝土框架或钢结构,其基准面应至少高于周边地面 15 cm。

5.1.1.3 建筑物防火

建筑物防火设计和施工按 GB 50016 执行。

5.1.1.4 建筑物防雷

建筑物防雷设计和施工按 QX/T 226 执行。

5.1.2 作业值班室

作业值班室应能满足作业人员值班、指挥、通讯等需求,面积应不小于 20 m²。

5.1.3 休息室

休息室应能满足作业人员休息需求,面积应不小于 20 m²。

5.1.4 炮库(火箭库)

炮库(火箭库)应满足高炮、火箭安全存储,具体尺寸见附录 A。

5.1.5 弹药临时存储库

弹药临时存储库应按能满足一次作业用量面积建设。

5.1.6 围墙

作业站应建有围墙或围栏。

5.2 射击平台

射击平台建设应符合下列要求:

37 mm 高炮和火箭射击平台半径不小于 3.5 m;57 mm 高炮射击平台半径不小于 5 m;

与建筑物保持足够距离,避免震碎门窗;

地面平整、夯实硬化。高炮射击平台,炮脚接触地面处不应硬化;

设置方向标识;

根据安全射界图设置醒目的禁射标识。

5.3 自动气象站

作业站宜设立多要素自动气象站。

5.4 标牌

作业站应设置下列标牌:

作业站名称和编码;

作业公告,内容包括:作业期时段、作业影响范围及有关注意事项等;

防火、防爆、防雷等警示标志。

5.5 其他

作业站应根据下列要求配备相关设施:

射击平台、炮库(火箭库)和弹药临时存储库等重点设施安装电子监控装置;

射击平台在作业期间有足够的照明设施;

炮库(火箭库)安装防盗门,设置灭火器材、工具箱和劳保用具,宜安装报警设备;

弹药临时存储库安装防盗门,设置灭火器材,宜安装报警设备;

作业值班室配备专用通讯设备,宜配备备用通讯设备;配置相关办公室设施;
休息室配置必要的相关设施。

作业值班室应设置安全射界图和相关管理制度。

QX/T 329—2016 附录 A
(规范性附录)
炮库(火箭库)建设尺寸

图 A.1 给出了炮库(火箭库)横剖面图的测量方式。

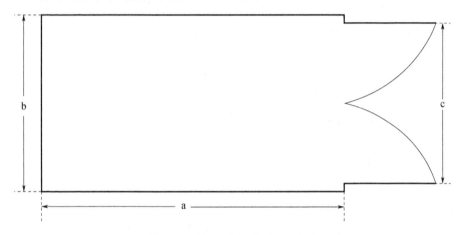

图 A.1 炮库(火箭库)横剖面图

(说明:a——库长;b——库宽;c——门宽。)

图 A.2 给出了炮库(火箭库)纵剖面图(门一侧)的测量方式。

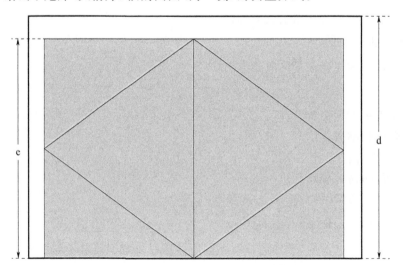

图 A.2 炮库(火箭库)纵剖面图(门一侧)

(说明:d——库高;e——门高。)

表 A.1 给出了炮库(火箭库)的具体建议尺寸。

表 A1　炮库(火箭库)建设尺寸表

图标	对应装备尺寸(每门/部)		
	37 mm 高炮	57 mm 高炮	火箭
a	不小于 9 m	不小于 12 m	面积应不小于 20 m², 车载式应满足搭载车辆的存储要求
b	不小于 3.5 m	不小于 4 m	
c	不小于 3 m	不小于 3.5 m	
d	不低于 3 m	不低于 3 m	
e	不低于 2.8 m	不低于 2.8 m	

火箭增雨防雹作业岗位规范

（QX/T 338—2016）

1 范围

本标准规定了火箭增雨防雹作业岗位的设置、职责、上岗条件和岗位规程。

本标准适用于火箭增雨防雹作业岗位的管理。

2 规范性引用文件

下列文件对于本文件的应用是必不可少的。凡是注日期的引用文件，仅所注日期的版本适用于本文件。凡是不注日期的引用文件，其最新版本（包括所有的修改单）适用于本文件。

QX/T 151—2012 人工影响天气作业术语

3 术语及定义

QX/T 151—2012 界定的以及下列术语和定义适用于本文件。

3.1 作业点 operation unit

实施火箭增雨防雹作业的基本作业单位。

注：改写 QX/T 151—2012，定义 8.13。

4 岗位设置

4.1 火箭作业组长

火箭作业组长（以下简称火箭长）为火箭增雨防雹作业点的业务负责人。每个作业点应设 1 名火箭长。

4.2 火箭作业操作员

火箭作业操作员（以下简称火箭手）为火箭增雨防雹作业点内承担火箭发射操作的人员。每个作业点的火箭手应不少于 1 名。

5 岗位职责

5.1 火箭长

火箭长的岗位职责为：

——负责作业点的日常管理；

——负责作业点弹药的安全管理；

——负责作业点内工作任务的分配；

——负责火箭增雨防雹作业时与作业指挥部门的联络；

　　——负责火箭发射架的安全性能检查；

　　——负责在作业地点周边设置警示标识；

　　——负责传达作业指挥部门发布的信息；

　　——负责下达火箭发射命令；

　　——负责完成火箭增雨防雹作业信息的采集与上报；

　　——承担作业点的安全责任；

　　——监督、协助完成控制器和火箭弹的安全性能检查；

　　——监督、协助完成火箭发射参数的设定；

　　——监督、协助完成对剩余火箭弹的安全处置与存储。

5.2　火箭手

火箭手的岗位职责为：

　　——负责完成控制器和火箭弹的安全性能检查；

　　——负责完成火箭发射参数的设定；

　　——负责完成剩余火箭弹的安全处置与存储；

　　——负责发射操作；

　　——监督、协助作业点弹药的安全管理；

　　——监督、协助火箭增雨防雹作业时与作业指挥部门的联络；

　　——监督、协助火箭发射架的安全性能检查；

　　——监督、协助在作业地点周边设置警示标识；

　　——监督、协助火箭增雨防雹作业信息的采集与上报；

　　——承担火箭长分配的其他工作任务。

6　上岗条件

6.1　遵纪守法，无违法犯罪记录。

6.2　年满 18 周岁，且 60 周岁以下。

6.3　具备初中以上文化程度。

6.4　参加火箭增雨防雹作业技术岗位培训和复训，具备相应知识技能。

6.5　服从工作安排，无下列违规行为：

　　——旷工；

　　——擅离职守；

　　——拒绝接受作业指挥部门、火箭长的工作安排；

　　——擅自操作火箭作业系统；

　　——违反操作规程，并造成不良后果。

6.6　身体健康，并应满足下列要求：

　　——身高不低于 150 cm；

　　——两眼矫正视力不低于对数视力表 4.9；

　　——四肢运动功能正常，能履行岗位职责；

　　——无精神病史；

——无红绿色盲；

——双耳无重度听力障碍；

——无影响正常履行岗位职责的其他疾病。

6.7 火箭长应从事火箭增雨防雹作业两年以上。

7 岗位规程

7.1 火箭长

7.1.1 在增雨防雹作业实施期间,应安排 24 小时值守,每日值班签名;因故不能在岗时,应指定代理火箭长。

7.1.2 应每日检查作业点内的火箭弹存储状况,并且记录检查时间、状况与签名。

7.1.3 应每日定时与作业指挥部联络,确认通信、数据传输等设备完好。

7.1.4 应组织火箭手定期(周期不大于 7 d)维护火箭架、控制器,并作维护记录与签名。

7.1.5 应检查并确保运载工具运行正常。

7.1.6 应在火箭增雨防雹作业前完成下列工作并作记录:

——接受作业指挥部门的预警信息；

——检查并确保火箭架、控制器、运载工具性能完好；

——检查并确保火箭弹安全性能完好；

——组织火箭手检查并确保作业点的作业环境安全、设置与调整作业地点周边的警示标识；

——按照作业指挥部门要求设置火箭发射参数。

7.1.7 下达火箭发射命令、监督作业环境安全并记录火箭发射时间。

7.1.8 应在火箭增雨防雹作业后完成下列工作并作记录:

——核查火箭弹消耗量；

——安全收存剩余火箭弹；

——填报作业记录；

——清点、封存火箭弹；

——保养、维护火箭架、控制器和运载工具；

——向作业指挥部上报作业信息。

7.2 火箭手

7.2.1 接受火箭长的工作安排。

7.2.2 应在火箭增雨防雹作业前协助火箭长完成下列工作:

——接受作业指挥部门发布的预警信息；

——检查并确保火箭架、控制器和运载工具性能完好；

——检查并确保火箭弹安全性能完好；

——检查并确保作业点的作业环境安全、设置与调整作业地点周边的警示标识；

——设置火箭发射参数。

7.2.3 执行火箭发射操作。

7.2.4　应在火箭增雨防雹作业后协助火箭长完成下列工作：

　　——检查火箭弹消耗量；

　　——安全存储剩余火箭弹；

　　——校对作业记录；

　　——清点、封存火箭弹；

　　——保养、维护火箭架、控制器和运载工具。

高炮火箭防雹作业点记录规范

（QX/T 339—2016）

1 范围

本标准规定了地面人工影响天气作业点高炮、火箭防雹作业的记录内容与要求。

本标准适用于地面人工影响天气作业记录的管理。

2 规范性引用文件

下列文件对于本文件的应用是必不可少的。凡是注日期的引用文件，仅注日期的版本适用于本文件。凡是不注日期的引用文件，其最新版本（包括所有的修改单）适用于本文件。

GB/T 7408 数据元和交换格式 信息交换 日期和时间表示法

QX/T 17—2003 37 mm高炮防雹增雨作业安全技术规范

QX/T 18 人工影响天气作业用37 mm高射炮技术检测规范

QX/T 99 增雨防雹火箭作业系统安全操作规范

QX/T 165 人工影响天气作业用37 mm高炮安全操作规范

3 记录内容与要求

3.1 作业点信息

作业点信息应包括作业点的名称、编号、经纬度和海拔高度，并满足下列要求：

——名称、编号应在作业指挥部门备案，并按照作业指挥部门的要求记录；

——非固定作业点应记录本次高炮射击（火箭弹发射）点的经纬度和海拔高度，经纬度采用度（°）、分（′）、秒（″）表示，海拔高度采用米（m）表示。

3.2 预警信息

预警信息应包括接收到作业指挥部门向本作业点下达预警信息的日期、时间、内容、是否向周边发布提示信息，并满足下列要求：

——记录日期应符合GB/T 7408的要求；

——时间记录应符合GB/T 7408的要求，采用北京时间，24小时制，精确到分钟（min）；

——宜采用选择或填空的方法记录向周边发布提示信息与否，如已发布，记为"是"。

3.3 宏观天气现象

宏观天气现象应包括降雨起止时间、降雹起止时间、最大冰雹直径与测量时间，并满足下列要求：

——记录降雨开始、结束的时间，应符合 GB/T 7408 的要求，精确到分钟(min)；

——记录降雹开始、结束的时间，应符合 GB/T 7408 的要求，精确到分钟(min)；

——记录实测的最大冰雹直径，精确到毫米(mm)；

——记录最大冰雹直径测量的时间，应符合 GB/T 7408 的要求，精确到分钟(min)。

3.4　装备检测

装备检测应包括高炮射击(火箭弹发射)的方位核定、高炮(火箭发射系统)完好度检查与检测结果、炮弹(火箭弹)完好度检查结果、通信器材完好度检查结果、电源完好度检测结果、通信网络完好度检测结果，并满足下列要求：

a)宜采用选择或填空的方法记录高炮射击(火箭弹发射)方位核定的结果；

b)高炮作业点应按下列要求记录：

·按 QX/T 18 的要求，记录高炮完好度检查结果；

·按 QX/T 165 的要求，分别记录合格与不合格炮弹的型号、生产批号、引信延迟自炸时间。

c)火箭作业点应按下列要求记录：

·按 QX/T 99 的要求，记录发射架检查结果；

·按 QX/T 99 的要求，记录发射控制器检测结果；

·按 QX/T 99 的要求，分别记录合格与不合格火箭弹的型号和生产批号。

d)应记录通信器材完好度的检查结果；

e)应记录电源完好度的检测结果；

f)应记录通信网络完好度的检测结果。

3.5　对空安全射击时间(以下简称空域时间)

3.5.1　空域时间应包括空域申请时间、空域批复时间、对空安全射击起始时间、对空安全射击终止时间。

3.5.2　按照 QX/T 17—2003 的第 4 章的要求承担空域申请任务的作业点，应按下列要求记录空域时间：

——空域申请时间，采用北京时间，24 小时制，精确到分钟(min)；

——空域批复时间，采用北京时间，24 小时制，精确到分钟(min)；

——对空安全射击起始时间，采用北京时间，24 小时制，精确到分钟(min)；

——对空安全射击终止时间，满足下列要求之一：

·对空安全射击终止时间，采用北京时间，24 小时制，精确到分钟(min)；

·对空安全射击时长，采用时(h)、分(min)，精确到分钟(min)。

3.6　作业参数

在执行作业指挥部门(包括承担作业指挥任务的作业点)下达的作业指令时，应按下列要求记录作业参数：

——射击开始时间：本次高炮射击第一发炮弹发射的时间，采用北京时间，24 小时制，精确到分钟(min)；

——射击结束时间:本次高炮射击最后一发炮弹发射的时间,采用北京时间,24 小时制,精确到分钟(min);

——射击方式:本次作业采用的高炮射击方式;

——射击方位范围:本次高炮射击方位扇面的起止方位角,单位为度(°);

——射击仰角范围:本次高炮射击仰角的起止角度,单位为度(°);

——炮弹消耗量:本次作业指令下高炮射击的总用弹量;

——发射时间:火箭弹发射的时间,采用北京时间,24 小时制,精确到分钟(min);

——发射方位角:火箭弹发射的方位角,单位为度(°);

——发射仰角:火箭弹发射的仰角,单位为度(°);

——火箭弹消耗量:本次作业指令下火箭弹发射的总用弹量。

3.7 备注

对高炮、火箭作业中出现的非常态状况进行简单描述,记录应满足下列要求:

——人员情况:未履行岗位职责的原因;

——装备状态:故障现象、维修状态;

——作业条件:作业指令与作业点宏观天气现象不符的说明;

——安全条件:作业安全隐患增加的说明;

——故障弹:现象与数量;

——其他:影响正常工作的其他事项说明。

3.8 作业人员

应记录参加作业人员的姓名、岗位,并由本人签名。

4 作业记录表

应按上述内容和要求填写记录表,参见附录 A。

高炮火箭防雹作业记录表样式
QX/T 339—2016

A.1 记录表

A.1.1 高炮作业点

高炮防雹作业记录表样式见表 A.1。

表 A.1 _____ **作业点 高炮防雹作业记录表**

经度		° ′ ″		纬度		° ′ ″		海拔高度		米

预警信息	信息内容			接收时间		提示信息发布	
				时　分		是　撤除	
				时　分		是　撤除	
				时　分		是　撤除	
				时　分		是　撤除	

高炮检测	方位核定 □	炮车稳固 □	防火帽 □	身管 □	闩室 □	闩体 □
	抽筒子 □	后坐标尺 □	装填机 □	保险 □	高低机 □	方向机 □

炮弹检测	型号	生产批号	引信自炸时间	数量
合格			秒	发
			秒	发
			秒	发
不合格			秒	发
			秒	发

通讯检测	电源正常 □	网络正常 □	设备正常 □	通讯正常 □

空域申请时间	批复情况	批复时间	安全射击时段	批复人
时　分	同意　不同意等待	时　分	时　分—　时　分	
时　分	同意　不同意等待	时　分	时　分—　时　分	
时　分	同意　不同意等待	时　分	时　分—　时　分	
时　分	同意　不同意等待	时　分	时　分—　时　分	

降雨开始时间	降雨终止时间	降雹开始时间	降雹终止时间	冰雹直径测量时间	最大冰雹直径
时　分	时　分	时　分	时　分	时　分	毫米

作业信息					
射击开始时间		时　分	射击结束时间		时　分
作业方式	单点 □	球面 □	垂直 □	水平 □	同心圆 □
仰角范围	°—°		方位范围	° / °	耗弹量	发

备注：

作业人：炮长_____、炮手_____。　　　　　　　　　　　　　　　共_____页 第_____页

A.1.2 火箭作业点

火箭防雹作业记录表样式见表 A.2。

表 A.2 _____作业点 火箭防雹作业记录表

20 年 月 日

经度	° ′ ″				纬度		° ′ ″			海拔高度		米

预警信息	信息内容					接收时间				提示信息发布		
						时 分				是 撤除		
						时 分				是 撤除		
						时 分				是 撤除		
						时 分				是 撤除		

发射系统检测	方位核定 □		发射架稳固 □		定向器 □		挡弹器 □		方位角转动 □		俯仰角转动 □	
	点火触头 □		按钮 □		电源 □		通道电阻 □				升压检测 □	

火箭弹检测	型号			生产批号					数量			
不合格											枚	
											枚	

通讯检测	电源正常 □		网络正常 □		设备正常 □		通讯正常 □					

空域申请时间	批复情况		批复时间		安全射击时段			批复人				
时 分	同意 不同意 等待		时 分		时 分— 时 分							
时 分	同意 不同意 等待		时 分		时 分— 时 分							
时 分	同意 不同意 等待		时 分		时 分— 时 分							
时 分	同意 不同意 等待		时 分		时 分— 时 分							

降雨开始时间	降雨终止时间		降雹开始时间		降雹终止时间	冰雹直径测量时间		最大冰雹直径				
时 分	时 分		时 分		时 分	时 分		毫米				

作业信息						

仰角	方位	型号	生产批号	发射时间		备注:
°	°			时 分		
°	°			时 分		
°	°			时 分		
°	°			时 分		
°	°			时 分		
°	°			时 分		
°	°			时 分		
°	°			时 分		
°	°			时 分		
°	°			时 分		
°	°			时 分		
°	°			时 分		
°	°			时 分		
°	°			时 分		

作业人:火箭长_____、火箭手_____。 共_____页 第_____页

A. 2　填表要求

A.2.1　所有表格宜采用 2B 铅笔填写,字迹工整,栏目内所填内容不得出格。

A.2.2　表格中所填内容准确,不得弄虚作假。

A.2.3　所有表格在进行人工防雹作业时填写。

A.2.4　作业点名称、日期、作业人栏目必填,并且作业人为本人签名。

A.2.5　高炮检测、火箭发射系统检测、通信检测在合格的栏目上打√。

A.2.6　宏观天气现象、降雹起止时间、降雨起止时间、最大冰雹直径必须是作业人员亲自观测得到。

A.2.7　对非作业人员观测得到的信息,如:最大冰雹直径信息,请在备注栏中描述。

A.2.8　记录要准确:时间精确到分钟(min);角度精确到度(°);最大冰雹直径精确到毫米(mm);耗弹量精确到发(枚)。

A.2.9　每进行一次防雹作业,即有射击开始时间和射击结束时间,须填写一张新表。

A.2.10　在进行防雹作业时,如发生本表内没有列出的项目,请在备注栏中描述。

A.2.11　备注栏不够写时,可在本表的背面续写;书写字迹工整,页面干净整洁。

增雨防雹高炮系统技术要求

（QX/T 358—2016）

1 范围

本标准规定了增雨防雹高炮系统的组成与分类，以及技术要求。

本标准适用于增雨防雹高炮系统的设计、研发、定型、生产、验收和使用。

2 组成与分类

增雨防雹高炮系统由增雨防雹高炮（以下简称高炮）和增雨防雹炮弹（以下简称炮弹）两部分组成，其类别主要有 37 mm 增雨防雹高炮系统和 57 mm 增雨防雹高炮系统两类。

3 技术要求

3.1 高炮

3.1.1 高炮高低射界应为 45°～85°。

3.1.2 高炮方向射界应为 0°～360°。

3.1.3 作业后高炮垂直方向的仰角偏差应不大于±0.5°。

3.1.4 高炮的适用海拔高度应不小于 4500 m。

3.1.5 高炮的适用温度范围应为 −20 ℃～50 ℃。

3.1.6 高炮应具有遥控发射功能。

3.1.7 高炮应易于操作并具有连发功能。

3.1.8 高炮应具有符合规定的条形码标识。

3.1.9 高炮的外表面应清洁、完好，标识应清晰可辨。

3.2 炮弹

3.2.1 炮弹的标识应清晰可辨，外表面应清洁、完好。

3.2.2 炮弹的有效作用高度应为 2000～8000 m。

3.2.3 炮弹最大射高（仰角为 85°时）：

——37 mm 炮弹应不低于 6700 m；

——57 mm 炮弹应不低于 8500 m。

3.2.4 单发炮弹弹丸最大破片分三级：

——A 级应小于等于 5 g；

——B 级应小于等于 10 g；

——C 级应小于等于 14 g。

3.2.5 炮弹引信瞎火率为：

——37 mm 炮弹 A 级小于等于 1/10000；B 级小于等于 1/1000；C 级小于等于 3/1000。

　　——57 mm 炮弹小于等于 1/10000。

3.2.6　炮弹应具有冗余保险,应至少包括两个独立保险件,其中每一个都应能防止引信意外解除保险,启动这至少两个保险件的激励应从不同的环境获得。

3.2.7　炮弹应采用具有延期解除保险功能的隔爆型引信。

3.2.8　炮弹引信的无损落高应不小于 1.5 m。

3.2.9　带包装的全弹安全落高应不小于 4.5 m。

3.2.10　炮弹的催化剂成核率(试验室内,−10 ℃条件下)应不低于 10^{11} 个/g。

3.2.11　炮弹适用海拔高度范围应不低于 4500 m。

3.2.12　炮弹适用温度范围应为 −20～50 ℃。

3.2.13　炮弹使用有效期限应不小于 5 年。

3.2.14　炮弹应具有符合规定的条形码标识。

增雨防雹火箭系统技术要求

（QX/T 359—2016）

1 范围

本标准规定了增雨防雹火箭系统的组成和技术要求。

本标准适用于增雨防雹火箭系统的设计、研发、定型、生产、验收和使用。

2 组成

增雨防雹火箭系统由发射架、发射控制器和火箭弹组成。

3 技术要求

3.1 发射架

3.1.1 发射架的发射仰角应为 45°～85°。

3.1.2 发射架的发射方位应为 0°～360°。

3.1.3 发射架的适用海拔高度应不低于 4500 m。

3.1.4 发射架的适用温度范围应为 －20～50 ℃。

3.1.5 发射架应具有兼容性，能够发射不同型号的火箭弹。

3.1.6 发射架应具有符合规定的条形码标识。

3.1.7 发射架使用寿命应不低于 8 年。

3.2 发射控制器

3.2.1 发射控制器应操作简便，具有保险装置。

3.2.2 发射控制器应能准确检测在架火箭弹是否具备发射条件。

3.2.3 发射控制器应能对每一枚在架火箭弹准确控制，并具备连发功能。

3.2.4 发射控制器可使用交、直流两种供电方式。

3.2.5 发射控制器适用温度范围应为 －20～50 ℃。

3.2.6 发射控制器应具有符合规定的条形码标识。

3.2.7 发射控制器使用寿命应不低于 8 年。

3.3 火箭弹

3.3.1 火箭弹在最大射高（作业仰角为 85°）作业时，高度偏差应小于 ±5%。

3.3.2 火箭弹发射时，主动段内角度偏差应小于 ±3°。

3.3.3 火箭弹的适用海拔高度应不低于 4500 m。

3.3.4 火箭弹的适用温度范围应为 －20～50 ℃。

3.3.5 火箭弹的作用可靠性分为以下三级：

——A 级应大于等于 0.9999；

——B 级应大于等于 0.999；

——C 级应大于等于 0.995。

3.3.6　自炸销毁火箭弹的最大残骸(非金属材料)重量应不大于 100 g；伞降回收火箭弹的最大残骸落地速度应不大于 8 m/s。

3.3.7　应采取措施，防止非作业状态时的火箭弹被触发。

3.3.8　燃烧播撒式火箭弹的催化剂播撒时间应不小于 10 s。

3.3.9　催化剂成核率(试验室内，−10 ℃条件下)应大于等于 10^{13} 个/g。

3.3.10　火箭弹应具有符合规定的条形码标识。

3.3.11　火箭弹的使用寿命应不小于 3 年。

飞机人工增雨(雪)作业宏观记录规范

（QX/T 421—2018）

1　范围

本标准规定了飞机人工增雨(雪)作业宏观记录的内容和方式。

本标准适用于飞机人工增雨(雪)作业、科学试验和大型活动人工影响天气服务中宏观记录的存档和管理。

2　术语和定义

下列术语和定义适用于本文件。

2.1　飞机人工增雨(雪)作业 aircraft precipitation enhancement

利用飞机采用人工干预的手段,在云体适当部位播撒催化剂,以增加地面降水量的活动。

2.2　宏观记录 macro-record

在飞机人工增雨(雪)作业过程中,记录飞行、作业和云宏观观测信息。

3　宏观记录内容

3.1　基本要求

记录时间应按北京时间(GMT＋8,24 小时制)记录,精确到分钟,记录格式为 hh:mm。应确保记录时间、飞机仪表时间和机载设备时间的一致。

3.2　基本信息

3.2.1　单位信息

记录具体实施飞机人工增雨(雪)作业单位全称。

3.2.2　飞行日期

记录飞行当天日期,按年、月、日记录,记录格式为 yyyy/mm/dd。

3.2.3　飞行任务

记录执行飞行任务的具体内容,如增雨、增雪、科学试验、大型活动、其他。

3.2.4　飞机信息

记录飞机型号、编号和当日飞行架次(按阿拉伯数字记录)。

3.2.5　飞行时间

记录飞机开(关)车、轮动(停)、起飞和降落时间。飞机起飞和降落时间为飞机轮胎离地和接地时刻。

3.2.6　机场信息

记录飞机的起降机场和备降机场名称。

3.2.7　飞行位置

记录飞行的主要地理位置,按地名记录,具体到县级行政区域。

3.2.8　人员信息

记录机组人员、登机作业人员(作业指挥、设备操作、宏观记录等)和地面保障人员信息。

3.2.9　起降机场天气

记录飞机起降期间 1 h 内起降机场整点天气实况信息。

3.3　飞行信息

3.3.1　飞行状态

记录飞机爬升、下降、平飞、转弯和盘旋状态信息。

3.3.2　设备状态

记录机载设备的工作状态信息。

3.4　作业信息

3.4.1　作业时间

记录催化剂播撒起止时间。

3.4.2　作业区域

记录作业区域的地理位置,按地名记录,具体到县级行政区域。

3.4.3　作业高度

记录播撒催化剂所在的海拔高度,单位为米(m),精确到整数。

3.4.4　作业温度

记录作业高度的温度,单位为摄氏度(℃),精确到小数点后一位。

3.4.5　催化剂类型

记录所选用的催化剂种类、型号。

3.4.6　催化剂用量

记录所使用催化剂的剂量。

3.5　观测信息

3.5.1　穿云信息

记录飞行过程中入云、出云、云底、云顶所在海拔高度和飞行位置。海拔高度单位为米(m)。

3.5.2　云状

记录飞行中目测到云的类型。

3.5.3　云的宏观特征

记录云底状态、云顶状态和云中宏观特征。

3.5.4　飞机积冰

记录飞机出现积冰、部位和程度(轻度、中度和重度)。

3.5.5　飞机颠簸

记录飞机出现颠簸和程度(轻度、中度和重度)。

3.5.6　飞机雨线

记录飞机舷窗上出现水丝和程度(轻度、中度和重度)。

3.5.7 其他天气现象

记录飞行中出现的其他天气现象(如华、晕、虹、闪电等)。

4 宏观记录方式

4.1 宏观记录表

应规范填写宏观记录表,表格内容和格式见附录 A。记录时应字迹工整,以纸质留存并电子存档。

4.2 其他记录方式

摄像、摄影和录音等可以作为宏观记录表的补充方式。

QX/T 421—2018　附录 A
(规范性附录)
飞机人工增雨(雪)作业宏观记录表

表 A.1 给出了飞机人工增雨(雪)作业宏观记录表的内容和格式。

表 A.1　飞机人工增雨(雪)作业宏观记录表

单位信息:　　　　　　　　　　　飞行架次:第　　架次

飞行日期		飞行任务		开车时间 (轮动时间)	： ：	降落时间	：	起降机场	
飞机型号		飞机编号		起飞时间	：	关车时间 (轮停时间)	： ：	备降机场	
作业指挥人员		设备操作人员			宏观记录人员		地面保障人员		
机组人员									

起降机场天气		时间 云状 云量 云高(底/顶) 气压 温度 风向 风速 能见度 天气现象								
	起飞:									
	降落:									

作业信息

	作业时间				作业高度	作业温度	催化剂种类	干冰	烟条	焰弹	液氮	其他
作业信息	开始播撒时间	： ：	结束播撒时间	： ：			型号					
	开始播撒时间	： ：	结束播撒时间	： ：			催化剂用量					
	作业区域											

时间	飞行位置	飞行高度	设备状态	飞行状态					观测信息													其他
				爬升	转弯	平飞	盘旋	下降	穿云信息				云状	云的宏观特征	积冰程度			雨线程度			颠簸程度	
									入云	出云	云底	云顶			轻度	中度	严重	轻度	中度	严重	轻度 中度 严重	
：																						
：																						

注1:飞行任务记录增雨、增雪、科学试验、大型活动、其他等。

注2:云的宏观特征记录云底状态(雨幡、雪幡、平整、模糊等)、云顶状态(平整、隆起情况等)和云中宏观特征(分层情况等)。

注3:催化剂种类、飞行状态、穿云信息、积冰程度、雨线程度和颠簸程度根据实际情况在记录表中打√。

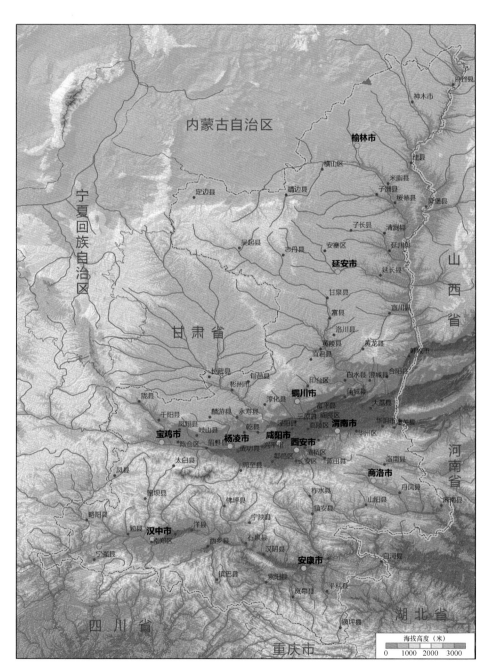

图 1.1　陕西省地形图

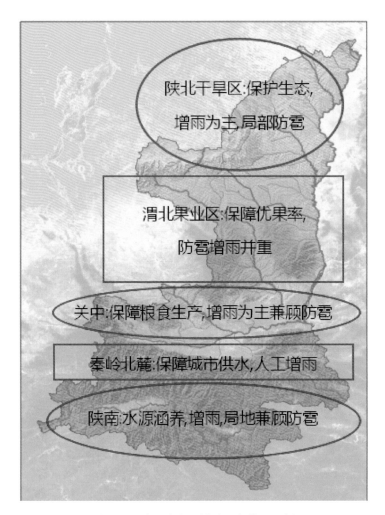

图 2.22 陕西省人工影响天气作业区划

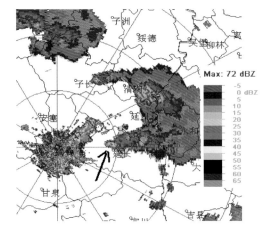

图 4.13 新一代天气雷达冰雹云指状回波(箭头所示)

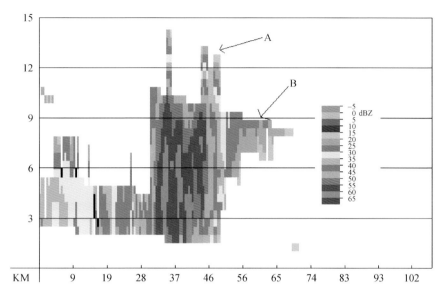

图 4.15　新一代天气冰雹云 RHI（A——旁瓣回波；B——三体散射回波）

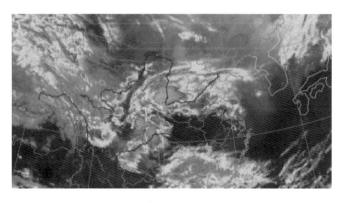

图 6.1　斜压叶状云系特征

图 6.2　细胞状云系特征

图 6.3　逗点云系底部特征

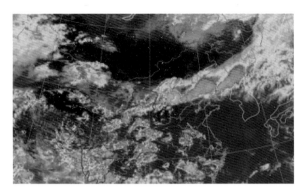

图 6.4 对流云团特征

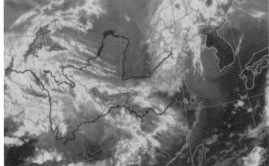

图 6.5 带状云系特征

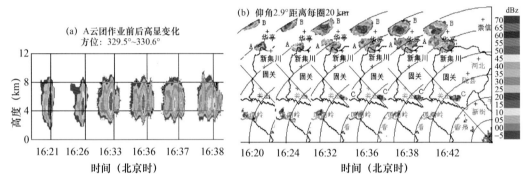

图 8.4 宝鸡 711 雷达 2007-07-24 T16 时 20—42 分回波演变(a.RHI,b.PPI)

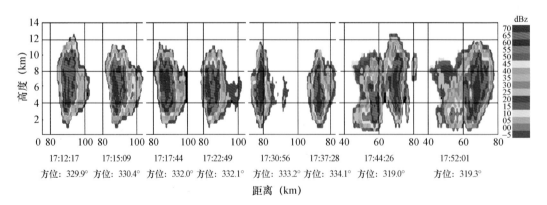

图 8.5 B 云团 RHI 回波演变特征